轻食沙拉
纤体瘦身

萨巴蒂娜　主编

U0242139

中国轻工业出版社

好身材，厨房制造

我曾经有一段时间，每周上五次健身房，先上一节私教课，之后再做40分钟有氧运动，一周几乎十个小时的运动量，坚持了2个月，体重竟然纹丝不动，最后连教练都气馁了。教练说晚上多吃点蔬菜吧，惭愧的我，怯怯地说："我不爱吃蔬菜。"

但聪明果敢的我，怎么会终止挑战，于是我将晚餐换成了沙拉。

沙拉是一个好东西，形态多变，爱吃和不爱吃的食物都可以放一点，然后就变得好吃了。我尤其喜欢吃各种温拌沙拉，比如南瓜沙拉、鹰嘴豆沙拉、热饼沙拉（玉米饼或者薄面饼上堆三文鱼沙拉）、意面沙拉，或者烤香2片面包，夹着沙拉吃。

我通常都自制沙拉酱，用一个鸡蛋黄、一点盐、一点醋、一点点油就可以做一个很好吃的自制蛋黄酱，然后混合豆角、芹菜末、黄瓜、火腿丁、煮熟的鸡蛋、土豆，就可以做成一大碗蔬菜土豆沙拉，能吃得特别饱，有时候一碗还吃不完。

晚餐能吃饱，自然就容易觉得满足，不知不觉吃下去很多蔬菜和粗粮，缓慢持久地在肠胃里消化着。吃完不觉得撑，直到临睡前也不觉得饥饿。做沙拉的大部分食材都是我平时觉得不好吃或者不爱吃的，但是做成了沙拉，就觉得无比美味，简直让人眉飞色舞，而且制作过程一点不觉得辛苦。

一周下去，减重1公斤，一个月下去，5斤体重消失，教练比我还高兴，说自己的训练有效果了，只有我暗暗偷笑。

萨子云：九分吃，一分练，古人诚不我欺也。

高欣茹

萨巴小传：本名高欣茹。萨巴蒂娜是当时出道写美食书时用的笔名。曾主编过五十多本畅销美食图书，出版过小说《厨子的故事》，美食散文集《美味关系》。现任"萨巴厨房"主编。

萨巴蒂娜
个人公众订阅号

🔵 敬请关注萨巴新浪微博　www.weibo.com/sabadina

目 录
CONTENTS

容量对照表
1 茶匙固体调料 = 5 克	1 茶匙液体调料 = 5 毫升
1/2 茶匙固体调料 = 2.5 克	1/2 茶匙液体调料 = 2.5 毫升
1 汤匙固体调料 = 15 克	1 汤匙液体调料 = 15 毫升

CHAPTER 1
清肠排毒的蔬果沙拉

酸甜黄瓜沙拉
024

洋葱海带丝沙拉
025

彩虹蔬菜沙拉
026

西蓝花口蘑沙拉
028

紫甘蓝玉米沙拉
029

菠菜腰果沙拉
030

法式芥末秋葵沙拉
031

番茄香芹沙拉
032

蒜香荷兰豆沙拉
034

烤茄子沙拉
036

烤南瓜沙拉
038

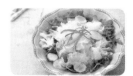
银耳芝麻菜沙拉
040

杏鲍菇沙拉
041

酸辣芦笋沙拉
042

芦笋果蔬沙拉
044

芦笋草莓沙拉

046

彩虹水果沙拉

048

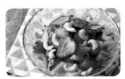

春日草莓沙拉

050

坚果香蕉沙拉

052

苹果猕猴桃沙拉

053

烤苹果沙拉

054

洋葱西柚沙拉

056

2
CHAPTER

增肌减脂的
肉食沙拉

香橙鸡肉沙拉

058

盐烤鸡胸肉秋葵沙拉

060

煎米饼鸡丝沙拉

062

黑胡椒棒棒鸡沙拉

064

意式鸡肉烤吐司沙拉

066

墨西哥鸡丝卷沙拉

068

豆腐鸡丝荸荠沙拉

069

魔鬼豆腐球鸡肉沙拉

070

鸡丝白菜沙拉

072

豆腐皮鸡肉卷沙拉

074

芒果鸭胸肉沙拉

076

玉米牛肉豌豆沙拉

078

盐煎南瓜牛里脊沙拉

079

泰式牛肉芒果沙拉

080

红酒黑椒牛排沙拉

082

酸爽辣牛肉沙拉

084

红薯核桃沙拉球

166

紫薯酸奶泥沙拉

168

紫薯船鸡蛋沙拉

170

"夺命"土豆沙拉

172

蒸山药果酱沙拉

174

凉拌荞麦面沙拉

176

螺旋面土豆沙拉

178

黄金吐司鸡蛋沙拉

180

白豆草莓沙拉

182

沙沙红豆塔沙拉

184

红豆山药少女系沙拉

186

鸡肉鹰嘴豆沙拉

188

初步了解全书

看着名字
就流口水

美味和健康
的秘密，在
这里告诉你

需要用到的食材一目了
然，要打有准备的仗

参考热量表，
对自己摄入的
热量，做到心
中有数

时间、难
易度清楚
明了

烹饪秘籍，
让你与美味
不再失之交
臂

详尽直观的操
作步骤让你简
单上手

沙拉酱索引，
让你快速找到
想要的酱汁

为了确保菜谱的可操作性，本书的每一道菜都经过我们试做、试吃，并且是现场烹饪后直接拍摄的。

本书每道食谱都有步骤图、烹饪秘籍、烹饪难度和烹饪时间的指引，确保您照着图书一步步操作便可以做出好吃的菜肴。但是具体用量和火候的把握也需要您经验的累积。

由于食材受品种、产地、加工方式等诸多因素影响，我们提供的热量表仅供参考。

知识篇

必须了解的关于沙拉的学问

一说到减脂瘦身时期的饮食，大家脑海中立马出现的两个字就是"沙拉"。但很多人其实对"沙拉"有着错误的偏见，认为：沙拉＝吃草，沙拉＝一堆食材乱拌，沙拉酱＝高热量……这本书会教给大家近100种沙拉的做法，告诉你沙拉并不是吃草；演示10种低卡沙拉酱的做法，告诉你沙拉酱一样可以低热量。每一篇内容从原料到做法到营养贴士，都会告诉你沙拉不简单，做法有技巧，搭配也有讲究。每道沙拉的材料都是很容易获取的，每道沙拉也都标注出了难度系数，大家完全可以根据自己的能力选择。同时书中还详细介绍了沙拉中各种食材的保鲜和存放方法，并告诉大家如何携带沙拉。不管是忙碌的上班族，还是愿意自带餐食的便当一族，都能轻松快捷地制作沙拉，随时随地享用美味。就让我们先了解一下"沙拉越吃越瘦"的小秘密。

食用沙拉的好处

沙拉通常含有丰富的膳食纤维，热量低，经常食用沙拉能帮助身体降低胆固醇含量，同时促进消化，加速肠胃的蠕动，预防便秘。

通过摄入一些沙拉中含有的肉类食材，可以帮助身体吸收具有免疫保护作用的蛋白质和优质脂肪。

沙拉中不同种类的蔬菜和水果含有丰富的抗氧化剂，包含维生素 C、维生素 E、叶酸、番茄红素和胡萝卜素等，经常食用，可有效延缓衰老。

常见食材的挑选和存放

散叶生菜

挑选：相比圆生菜，散叶生菜苦味比较淡，带有些许甜味，要挑选叶片肥厚适中、叶质鲜嫩、颜色翠绿且没有蔫叶的。

存放：散叶生菜可冷藏贮存，储存时远离苹果、梨、香蕉，防止叶片滋生赤褐斑点。也可洗净，沥干水分，切段放进保鲜盒中存放，保鲜期 5 天左右。

紫甘蓝

挑选：紫甘蓝中富含花青素、叶酸和膳食纤维，有延缓衰老的功效。要挑选叶子包裹紧实的，叶片表面没有明显的黑斑，同样重量时，选择体积小者为佳。

存放：用保鲜膜包裹起来，放在冰箱中可保存 10 天左右。也可洗净，沥干水分，切块放进保鲜盒中存放。

秋葵

挑选：秋葵吃起来脆嫩多汁，有利于调节血糖。应挑选形状饱满、体积较小、直挺并且水分充足的，表面不应有黑斑。

存放：用保鲜袋装好，并排躺倒，放入冰箱即可，保鲜期 7 天左右。

苦菊

挑选：应挑选菜叶卷曲富有弹性的，叶子嫩绿、茎长且新鲜，这样口感更佳。

存放：保存时最好用保鲜膜或者保鲜袋包好后放进冷藏室，也可洗净，沥干水分，放进保鲜盒中存放。保鲜期 10 天左右。

黄瓜

挑选：一般新鲜的黄瓜身长挺直，鲜嫩，表面有小刺，表面没有烂伤。

存放：冷藏可保存 3~5 天，也可清洗干净，擦干水分，切长段，放入保鲜盒中。

圣女果

挑选：选择颜色较深、果实重的，这样的圣女果口感会比较甜爽。

存放：一般情况下可保鲜 3 天左右，也可清洗干净，擦干水分，放入保鲜盒里，保鲜期大概 5 天。

西蓝花

挑选：选择颜色鲜亮、花球紧实，表面没有明显凹凸的为佳。

存放：用保鲜膜包好，放入冰箱冷藏室。也可用盐水浸泡，清洗干净，掰成小朵，放入保鲜盒里，保鲜期 7 天左右。

胡萝卜

挑选：外表光滑、叶子嫩绿并且大小适中的胡萝卜食用起来口感是最好的。

存放：将绿叶切除，用保鲜袋或保鲜膜包起来，放入冰箱里冷藏贮存即可。也可洗净，擦干水分，切段放入保鲜盒密封保存，保鲜期 5 天左右。

芦笋

挑选：上下粗细均匀，长短在 20 厘米左右，有花头的芦笋是比较好的。

存放：用保鲜膜包裹起来放入冰箱中储存，或者用厨房纸将芦笋卷好，喷上水，放入冰箱中。

圆生菜

挑选：圆生菜是很常用的沙拉食材，水分含量高，要挑选叶质松软、叶绿有光泽并且体积大小适中的。

存放：圆生菜可以冷藏保鲜 3~5 天，最好用保鲜膜或者塑料袋包起来，以免变干。也可洗净，沥干水分，撕成块状，放入保鲜盒里存放。

菠菜

挑选：选择菜梗红短、叶子新鲜的为佳。

存放：用保鲜膜包好，放在冰箱冷藏室里贮存，或者去掉根部，洗净，沥干水分，放入保鲜盒存放。保鲜时长大概 5 天。

芹菜

挑选：选择菜叶呈绿色并且根茎部分没有裂痕和变质的来食用。

存放：买回来的芹菜先食用叶子，然后把梗洗净，切段并沥干水分，放入保鲜袋或者保鲜盒中，密封放入冰箱冷藏室，随用随取即可。

南瓜

挑选：要选择颜色深黄、条纹粗重，摸起来外皮坚硬紧实的。

存放：储存在干燥、通风、温度适宜的室内即可，储存期 13 天左右。

玉米

挑选：一般选择叶子青色、富有水分，玉米粒软嫩、饱满，玉米须整齐的。

存放：留少许内皮，放入保鲜袋中，封口放好，放入冰箱冷冻室中保存，可以保存很长时间。

苹果

挑选：要选择外皮饱满、质地坚硬并且果皮看起来有一丝丝条纹的。

存放：将苹果单独装在保鲜袋中，放在阴凉通风的地方即可。保存时长 10 天左右。

火龙果

挑选：选择重量较大、外皮颜色鲜艳、没有明显磕碰伤的。这样的果实汁多并且果肉更加丰满。

存放：用保鲜袋装好，放在阴凉通风处即可。保存时长 7 天左右。

草莓

挑选：外表看起来大小适中，外形均匀，色泽鲜亮并且草莓子是白色的最佳。

存放：将草莓装入干燥的玻璃保鲜盒中，密封后放入冰箱中即可。保存时长 3~5 天。

芒果

挑选：应选择果皮细致光滑，果实饱满，色泽金黄的最佳。

存放：将芒果装进纸箱中，放在避光通风的地方即可。

牛油果

挑选：购买时选择颜色深度适中，轻轻捏感到有弹性的。

存放：熟透的牛油果可用保鲜膜包好，放入冰箱中冷藏储存。未熟透的牛油果，可室温放至其熟透。

猕猴桃

挑选：选择果形饱满、外皮呈黄褐色、有弹性的果实。

存放：将其装入盒子或塑料袋中，放在阴凉处即可。如果果实还未熟透，可以与苹果放在一起进行催熟。

橙子

挑选：选择果皮颜色深并且光滑，捏起来感觉有弹性的最好。

存放：可将橙子用保鲜袋装好，密封放入冰箱，也可用保鲜袋密封好后存放在阴凉通风处。

香蕉

挑选：选择外皮完好无损，呈金黄色，并且看起来有光泽，没有明显黑斑的。

存放：将香蕉挂放或者将拱面向上放置，能延长储存时间，存放时避开苹果。

牛肉

挑选：好的牛肉看起来色泽红润有光泽，触摸起来不会粘手，按压下去感觉有弹性。

存放：用保鲜膜包好，放入冰箱冷冻室即可。

鸡胸肉

挑选: 以外表看起来是粉红色且有光泽，肉质紧密，按下有轻微弹性的为佳。

存放: 用保鲜膜包裹好，放入冰箱冷冻即可，最好是现买现吃。

虾仁

挑选: 好的冻虾仁应该是无色透明、手感饱满并且富有弹性的。

存放: 密封后放入冰箱中冷冻。

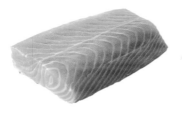

三文鱼

挑选: 应选择鱼肉色泽鲜丽、有光泽，并且纹路清晰，用手按压下去有弹性的为佳。

存放: 三文鱼最好是现买现吃，这样才能最大限度地保证新鲜和口感。

鸭肉

挑选: 优质鸭肉表面光滑，呈乳白色，切开后切面呈玫瑰色，腿部肌肉结实有弹性。

存放: 将鸭肉处理干净，沥干水分，放入冰箱中冷冻即可。

鳕鱼

挑选: 市售鳕鱼大多是冷冻切片，选择时要选肉质洁白，肉上没有特别粗、特别明显的红线的鳕鱼。

存放: 放入塑料袋中密封，冷冻即可。

制作好吃沙拉的窍门

应季食材才好吃

做沙拉的食材最好选择应季的，利用应季的食材可以做出非常有季节感的沙拉，同时也能保证食材是最新鲜、口感最好的。

合理搭配各种食材

沙拉虽然普通，但是却对身体有着大大的好处，也能为日常的餐桌增加很多色彩。在制作沙拉时，可以选择绿叶生菜作为基底，另外加入几种不同颜色的蔬菜和水果，这样看起来颜色丰富，会增加食欲，继续添加优质的蛋白质和额外的营养，例如各种肉类或者主食。
有了这样的搭配方法，各种食材可以随意进行组合，天天吃都不重样！

清洗蔬菜先用清水浸泡 20 分钟

用清水浸泡蔬菜可以有效清除蔬菜叶子中残留的农药和泥土，然后再用流水冲洗两三次即可。这样处理过的蔬菜不仅干净而且口感更加爽脆，可谓一举两得。

蔬菜要沥干水分

如果蔬菜带有太多水分，会使沙拉酱的味道变淡，也会使沙拉的口感大打折扣，因此蔬菜清洗后要沥干水分。可用厨房纸巾吸干水分，也可以使用沙拉脱水篮进行沥干。

食材煎制或焯水要讲究技巧

要想做出可口的沙拉，就要掌握好食材的温度。蔬菜要提前清洗并放入冰箱冷藏。煎制或者焯水的食材要先晾凉再拌入沙拉，否则会使其他蔬菜流失水分。坚果在加入沙拉之前，最好放在煎锅中煸香，这样食用起来会更加香脆。

部分食材处理后要防止氧化

像苹果、香蕉、梨这类水果，在削皮后会快速氧化变黑，所以要准备一小盆盐水，将处理好的食材泡入水中，这样就能避免食材氧化。

谨慎选择沙拉搅拌用具及器皿

一般来说，沙拉酱中都含有醋的成分，所以在器皿选择上不可以使用铝材质的，否则醋汁的酸性会腐蚀金属器皿，释放出来的化学物质会影响沙拉的口感，也会对人体有害。搅拌的用具最好使用木质的，器皿可以选择玻璃或者陶瓷材质的。

沙拉方便携带储存的小贴士

一般来说，沙拉最好是现做现吃，这样能保证食材新鲜、口感最佳。但对于很多上班族来讲，似乎这个愿望会变得比较奢侈，但依然有办法可以满足这类人群的需要。推荐购买在网上非常风靡的梅森罐，这是一种带螺纹瓶盖的玻璃罐，集料理、保存多功能于一身，密封性能非常好，可以用来存储干燥的食物或者腌制的食物，体形小巧却非常能装，也有各种大小可以选择，是携带沙拉的理想工具。

另外，为了能快速吃到美味的沙拉，也可以将沙拉所用的食材提前处理好，放入密封性能好的保鲜盒中分装好，食用时提前 15 分钟拿出来，放入沙拉酱汁搅拌好，即可快速食用。

·☆· 自制低卡沙拉酱，不用担心高热量

目前市售的沙拉酱为了迎合大众口味，在酱中会加入大量食用油，导致其所含的热量非常高。一份低卡的蔬菜沙拉如果加入三匙沙拉酱，它的热量相当于摄入两碗米饭了。如此高的热量需要进行 1 小时的中度有氧训练才能消耗掉。所以真正想瘦身，学会自制沙拉酱才是王道。自制沙拉酱的优点在于材料完全可控，寻找一些健康的替代品，既简单又不会影响口感。

·☆· 自制沙拉酱的小秘诀

做沙拉酱时一般按照粉末状调料—液体提味调料（如酱油、料酒）—酸味调料—油的顺序进行混合，这样易于搅拌均匀并使沙拉味道鲜美。如果需要把所有调料放进搅拌机打碎，就要先打碎除了油之外的调料，再把油倒进去搅拌均匀。

蛋黄沙拉酱

特点

口感浓滑，香醇细腻

材料

蛋黄	2 个
白糖	1 汤匙
橄榄油	200 毫升
白醋	2 汤匙
盐	10 克

这款沙拉酱是经典美乃滋的变身，经过改良后热量更低，但并不影响口感，它几乎适用于任意种类的沙拉，无论是蔬果还是肉类，全都搭配得相得益彰。制作好后可以放入空沙拉酱瓶中，密封冷藏保存即可。

做法

❶ 将蛋黄放入干燥的碗中，加入白糖，用打蛋器搅拌至白糖融化、蛋黄颜色变浅而且体积变大。

❷ 接着倒入 20 毫升橄榄油，朝一个方向用力搅拌。

❸ 感觉搅拌浓稠时，加入 1 小勺白醋进行搅拌，再加入 20 毫升橄榄油进行搅拌，如此反复，一边搅拌一边轮流加入白醋和橄榄油。

❹ 搅拌达到理想的稀稠程度，放入盐进行调味，拌匀即可。

酸奶沙拉酱

特点

香甜，轻盈，低脂，细腻

材料

低脂酸奶	100 毫升	白醋		4 茶匙	
低脂牛奶	50 毫升	盐		适量	
橄榄油	4 茶匙				

做法

❶ 将低脂酸奶和低脂牛奶倒入碗中，搅拌均匀后再放入盐、白醋和橄榄油。

❷ 用筷子或小勺将酱汁搅拌均匀即可。

常规的沙拉酱汁往往热量较高，含有大量的油脂，阻碍了瘦身的脚步。这款沙拉酱选取低脂酸奶和低脂牛奶是为了最大限度地降低热量。这两种食材在超市中都非常容易买到，但不宜选用中式老酸奶做原料，因其含糖也比较高。如果有条件，可以在家自制酸奶。低脂酸奶酱适用于水果类和蔬菜类沙拉。

油醋汁

做法

❶ 取干净的碗，依次放入白糖、盐、黑胡椒碎、白醋和橄榄油。

❷ 用小勺将酱汁搅拌均匀即可。

油醋汁是基础沙拉酱汁，可以根据个人口味添加调味料，如芥末酱、柠檬汁或者蜂蜜等。制作这款酱汁，醋的选择可以多种多样，如白醋、米醋、苹果醋等。适用于蔬菜、肉类、蛋类及奶制品沙拉。

特点

轻盈，酸郁，香醇

材料

橄榄油	30 毫升	黑胡椒碎	适量
白醋	4 汤匙	盐	适量
白糖	30 克		

海鲜沙拉酱

特点

层次丰富，解腻，清爽

材料

原味海鲜酱	40 克	白糖	适量
料酒	2 汤匙	蒜末	15 克
生抽	4 茶匙		

做法

❶ 将原味海鲜酱、料酒、生抽、白糖、蒜末依次放入碗中。

❷ 用筷子或小勺将酱汁搅拌均匀即可。

采用市售的海鲜酱即可，海天和李锦记的都可以选择。可根据个人口味选择虾酱、牡蛎酱等。一般成品海鲜酱中已经含有油、盐和糖，所以不需要重复再放。料酒和生抽都是液体酱汁，可以调和沙拉酱的浓度。如果想让沙拉酱浓度更稀，加入适量凉开水也是可以的。

泰式酸辣酱

做法

❶ 朝天椒洗净，切成碎末。

❷ 将朝天椒末和所有材料搅拌均匀即可使用。

鱼露又称鱼酱油，是东南亚料理中常用的水产调味品，味道自带有咸味和鲜味，所以制酱过程中不需要再加入盐。朝天椒选用新鲜红色的最好，与各种食材充分融合，口感会更好。非常适用与各种海鲜搭配在一起食用。

特点

辣爽可口，增加食欲

材料

朝天椒	10 个	姜末	20 克
橄榄油	20 毫升	香菜末	10 克
鱼露	20 毫升	白糖	20 克
白醋	4 汤匙	盐	适量
蒜末	20 克	柠檬汁	适量

番茄沙拉酱

材料

番茄	1个	盐	适量
橄榄油	30毫升	柠檬汁	适量
蒜末	40克	蜂蜜	适量
胡椒碎	10克		

特点

浓郁，酸甜可口，层次丰富

做法

❶ 番茄洗净，切成小块。

❷ 锅烧热，倒入橄榄油，放入番茄翻炒。

❸ 翻炒至番茄出汤、变软，再放入蒜末、胡椒碎、盐，小火熬至酱料黏稠。

❹ 出锅前加柠檬汁，关火，盛到碗中。

❺ 待酱汁冷却后加入适量蜂蜜，搅拌均匀即可。

自制番茄沙拉酱酸甜可口，配肉类的沙拉最合适，能开胃解腻、促进消化，柠檬汁的加入可以减少番茄红素的流失，同时令酱汁的颜色更加鲜艳。

法式芥末沙拉酱

特点

香辛，酸甜，解腻，清爽

材料

第戎芥末酱	20 克	柠檬	1 个
橄榄油	20 毫升	蜂蜜	1 汤匙

做法

❶ 将柠檬汁挤入第戎芥末酱中，搅拌均匀。　❷ 再加入橄榄油、蜂蜜，搅拌均匀即可食用。

这款沙拉酱略带刺激口感和甜味，制作时先将半固体的食材搅拌均匀，再与橄榄油混合，能够丰富沙拉酱的口感层次。适用范围广泛，可与海鲜、蔬菜、肉类以及奶制品进行搭配。

韩式蒜蓉沙拉酱

做法

❶ 取一小碗，放入韩式辣酱和鱼露，搅拌均匀。　❷ 再放入剩下材料，搅拌均匀即可使用。

市售的韩式辣酱中通常原材料都会有苹果，甜辣中有丝丝果香。不喜欢辣味的人换成韩式甜面酱也是可以的。适用范围广泛，可与海鲜、蔬菜、肉类以及奶制品进行搭配。

特点

香甜，微辣，解腻

材料

韩式辣酱	4 茶匙	盐	适量
鱼露	1 汤匙	白糖	适量
姜末	20 克	黑胡椒碎	适量
蒜末	20 克		

日式和风芝麻沙拉酱

特点

浓郁，甜咸，香醇

材料

香油	2 汤匙	生抽	3 汤匙
白芝麻	20 克	洋葱末	适量
白糖	3 茶匙	柠檬汁	适量

做法

❶ 白芝麻洗净，沥干水分，放在平底锅中用小火焙香，再用擀面杖碾碎。

❷ 取小碗，放入香油、白糖、生抽和洋葱末，倒入柠檬汁，进行搅拌。

❸ 接着撒入白芝麻碎，搅拌均匀即可使用。

白芝麻经过烤制，才能够散发出香味，配上香油更加相得益彰。碾压后的白芝麻营养更容易被人体吸收。自制日式和风芝麻沙拉酱适合与海鲜和蔬菜搭配在一起。如果怕麻烦，直接购买丘比的焙煎芝麻沙拉汁也是可以的。

CHAPTER 1

清肠排毒的
蔬果沙拉

越吃越瘦的秘密

酸甜黄瓜沙拉

🕐 时间 40分钟　🌶 难度 简单

特色

这道沙拉适合夏季没食欲时食用，酸辣爽口，放在冰箱里冰镇30分钟，还能享受到冰凉的口感。黄瓜的维生素和水分含量很高，热量却很低，是减肥时期非常好的食材。

主料

黄瓜150克 / 胡萝卜100克 / 红甜椒50克 / 紫洋葱20克

辅料

油醋汁30毫升 / 黑胡椒碎、黑芝麻各适量

参考热量表

黄瓜150克	24千卡
胡萝卜100克	32千卡
红甜椒50克	13千卡
紫洋葱20克	8千卡
油醋汁30毫升	50千卡
合计	127千卡

做法

❶ 将黄瓜、胡萝卜清洗干净，改刀切成菱形片待用。

❷ 红甜椒和洋葱清洗干净，用刀切成细丝待用。

烹饪秘籍

沙拉腌制的时间不要过长，最长30分钟即可，否则会降低食材的含水量，影响口感。

❸ 取一个干燥的沙拉碗，依次将黄瓜片、胡萝卜片、红甜椒丝和洋葱丝放入。

❹ 碗中倒入油醋汁，和碗中的食材充分搅拌均匀。

❺ 最后撒入适量的黑胡椒碎和黑芝麻，腌制30分钟后即可食用。

 油醋汁　018页

特色

炎热的夏季，冰冰凉的海带丝配上爽口的洋葱，二者搭配就是一道低热量又开胃的减脂沙拉。海带丝含有丰富的维生素E，经常食用能促进肠道排除毒素，有使皮肤细腻光滑的功效。

主料

市售已泡发海带丝200克 / 紫洋葱100克 / 柠檬1/2个（约50克）/ 红甜椒适量

辅料

油醋汁30毫升 / 熟白芝麻适量

参考热量表

海带丝200克	26千卡
紫洋葱100克	40千卡
柠檬50克	19千卡
油醋汁30毫升	50千卡
合计	135千卡

酸甜开胃

洋葱海带丝沙拉

⏱ 时间 30分钟　🖐 难度 简单

做法

❶ 海带丝洗净，用清水浸泡10分钟，取出沥干水分，切成大约5厘米长段。

❷ 紫洋葱清洗干净，撕去薄膜，切成丝；红甜椒洗净，切丝，待用。

烹饪秘籍

搅拌好的沙拉放入冰箱冷藏可以让食材更加入味，同时可以降低洋葱辛辣的口感。

❸ 柠檬清洗干净，切成片待用。

❹ 将切好的海带丝、柠檬片、洋葱丝放入碗中，倒入油醋汁，充分搅拌均匀，放入冰箱冷藏大概15分钟取出。

❺ 最后点缀红甜椒丝，撒入熟白芝麻，即可食用。

🍲 油醋汁　　018 页

色彩缤纷满足眼球

彩虹蔬菜沙拉

时间 30分钟　难度 简单

特色

多种颜色的食材汇聚在一起，满满当当一大碗，看着热闹，吃着健康，快手沙拉非他莫属。西蓝花含有多种营养成分，具有热量低、饱腹感强的特点，是减肥时期非常好的食材之一。

做法

❶ 西蓝花洗净，掰成适口的小朵，放入淡盐水中浸泡20分钟。

❷ 胡萝卜去皮，洗净，切成边长1厘米左右的小块，备用。

❸ 杏鲍菇洗净，切成边长1厘米左右的小块，备用。

❹ 红甜椒洗净，切成小块，备用。

❺ 圣女果洗净，对半切开，备用。

❻ 速冻玉米粒冲去浮冰，豌豆粒洗净，备用。

❼ 锅中烧开水，加入速冻玉米粒、豌豆粒、杏鲍菇块和西蓝花进行汆烫，1分钟后捞出，沥干水分。

❽ 将以上处理好的全部食材一起放入碗中，加入蒜末和少许盐，淋上油醋汁，搅拌均匀，即可食用。

主料

西蓝花100克／胡萝卜80克／豌豆粒80克／圣女果50克／杏鲍菇50克／红甜椒50克／速冻玉米粒50克

辅料

油醋汁30毫升／蒜末10克／盐少许

参考热量表

西蓝花100克	36千卡
胡萝卜80克	26千卡
豌豆粒80克	89千卡
圣女果50克	11千卡
杏鲍菇50克	18千卡
红甜椒50克	13千卡
速冻玉米粒50克	59千卡
油醋汁30毫升	50千卡
合计	302千卡

— 烹饪秘籍 —

1. 为了保持蔬菜的爽脆口感，入水汆烫的时间不要过长。
2. 为了营造沙拉色彩斑斓的效果，一定要有四种颜色以上的蔬菜。

 油醋汁　018页

绚丽色彩点亮餐桌

西蓝花口蘑沙拉

⏱ 时间 35分钟　　🖐 难度 简单

特色

西蓝花与口蘑搭配在一起，让这道沙拉多添了一份清新的味道，搭配芹菜与胡萝卜，令整道菜品颜色更加鲜亮，促进了食欲。

主料

西蓝花150克 / 口蘑4个（约50克）/ 芹菜50克 / 胡萝卜70克

辅料

油醋汁30毫升 / 盐1/2汤匙

参考热量表

西蓝花150克	54千卡
口蘑50克	22千卡
芹菜50克	8千卡
胡萝卜70克	22千卡
油醋汁30毫升	50千卡
合计	156千卡

做法

❶ 西蓝花放入盐水中浸泡20分钟，取出用手掰成小朵。

❷ 口蘑洗干净，切成片状。

❸ 锅中烧水煮沸，将处理好的西蓝花和口蘑分别放入水中焯熟，过凉水，沥干水分待用。

烹饪秘籍

1. 将西蓝花浸泡在盐水中可以充分去除其中的农药残留。
2. 口蘑焯水的时间不能过长，60秒即可，这样吃起来的口感会更加鲜嫩。

❹ 芹菜和胡萝卜分别清洗干净，胡萝卜切成菱形片，芹菜斜刀切段，待用。

❺ 取一个干净的沙拉碗，依次放入上述处理好的食材。

❻ 加入油醋汁和盐，与碗里食材充分搅拌均匀，装入盘中，即可食用。

 油醋汁　　018页

特色

紫甘蓝适合生吃，其中含有丰富的膳食纤维，能够增强胃肠功能，促进肠胃蠕动，有利于毒素排除，是做沙拉的优选食材，搭配油醋汁口感味道更加清爽。炎热的夏季来一碗，开胃又助消化。非常适合"三高"人群和肥胖人群食用。

主料

紫甘蓝 200 克 / 红甜椒 30 克 / 黄甜椒 30 克 / 速冻玉米粒 30 克

辅料

油醋汁 30 毫升

参考热量表

紫甘蓝 200 克	50 千卡
红甜椒 30 克	8 千卡
黄甜椒 30 克	8 千卡
速冻玉米粒 30 克	35 千卡
油醋汁 30 毫升	50 千卡
合计	151 千卡

清香脆爽味道好

紫甘蓝玉米沙拉

🕐 时间 30 分钟　💪 难度 简单

做法

❶ 紫甘蓝洗净，放入淡盐水中浸泡 20 分钟，拿出沥干，切成细丝待用。

❷ 锅中倒入适量水煮沸，将速冻玉米粒放入烫 1 分钟后捞出，沥干水分，待用。

烹饪秘籍

紫甘蓝用淡盐水浸泡约 20 分钟，能去除其农药残留。

❸ 红甜椒、黄甜椒清洗干净，切成小丁，待用。

❹ 取一个干燥的沙拉碗，将上述处理好的食材放入碗中。

❺ 碗中加入油醋汁，与食材充分搅拌均匀即可食用。

油醋汁　　　018 页

中式风味，简单营养
菠菜腰果沙拉

⏱ 时间 20分钟　💛 难度 简单

特色

爽口的菠菜配上腰果仁，可以减轻油腻感。菠菜和醋又是绝配，加上自制的日式和风芝麻沙拉酱，再加些醋，这道沙拉的口感层次就更加丰富了。菠菜中含有大量的膳食纤维，有促进肠道蠕动的作用，经常食用能有效减少身体对脂肪的吸收，利于毒素的排出。

主料

菠菜200克 / 腰果仁30克 / 鸡蛋2个（约100克）

辅料

自制日式和风芝麻沙拉酱30克 / 米醋2茶匙

参考热量表

菠菜200克	56千卡
腰果仁30克	178千卡
鸡蛋100克	152千卡
芝麻沙拉酱30克	95千卡
合计	481千卡

做法

① 将菠菜用清水冲洗干净，用手撕成小段。

② 锅中加适量水煮沸，放入菠菜，焯烫一下迅速捞出，过凉水，沥干水分，待用。

③ 平底锅烧热，将腰果仁放在锅中用小火煎烤至出香味，关火。

④ 鸡蛋放入锅中煮熟，剥去壳，切成块待用。

⑤ 取一个干燥的沙拉碗，将上述处理好的食材放入。倒入自制日式和风芝麻沙拉酱和米醋，搅拌均匀即可食用。

烹饪秘籍

食用菠菜前用沸水焯烫一下，可以去除菠菜中的草酸。

 日式和风芝麻沙拉酱
022 页

特色

秋葵是能控制血糖的上佳食材，很适合糖尿病患者食用。这道沙拉做法简单，却带来不一样的口感!

主料

秋葵 150 克

辅料

橄榄油几滴 / 盐少许 / 冰水 500 毫升 / 法式芥末沙拉酱 30 克 / 熟黑芝麻少许

参考热量表

秋葵 150 克	68 千卡
法式芥末沙拉酱 30 克	52 千卡
合计	120 千卡

中西合璧，味道上乘

法式芥末秋葵沙拉

⏱ 时间　〇〇分钟　◆ 难度　简单

做法

❶ 清洗秋葵，用盐搓去表面细小的茸毛。

❷ 锅中加水烧开，加少许盐和几滴橄榄油，接着放入秋葵，汆烫 2 分钟后立即捞出。

烹饪秘籍

汆烫秋葵时，水中加入橄榄油和盐能令秋葵保持色泽翠绿，捞出后用冰水过凉更能保持其爽脆的口感。

❸ 将秋葵浸入冰水中降温，冷却后捞出，切去蒂部。

❹ 将切好的秋葵装盘，淋上法式芥末沙拉酱。

❺ 撒上少许熟黑芝麻，即可食用。

法式芥末沙拉酱
021 页

把春天吃进肚子里

番茄香芹沙拉

⏱ 时间 30分钟　🌀 难度 简单

特色

五彩斑斓的蔬菜搭配在一起像极了春天来临时的感觉，口蘑的软嫩赋予沙拉崭新的口感。香芹富含膳食纤维，能加速肠胃蠕动；圣女果富含维生素C，经常食用有延缓衰老的功效。

做法

❶ 口蘑洗净，沥干水分，切成片，放入碗中。

❷ 向碗中加入部分盐和黑胡椒碎，搅拌均匀，腌制片刻。

❸ 平底锅烧热，锅底刷一层橄榄油，将腌制好的口蘑片放入锅中煎至两面金黄色，盛出备用。

❹ 圣女果洗净，沥干水分，对半切开，放入碗中。

❺ 接着向碗中加入蒜末和剩余的盐、黑胡椒碎，搅拌均匀。

❻ 将处理过的圣女果放入平底锅中煎炒1分钟，盛出，备用。

❼ 香芹洗净，去掉根部，沥干水分，切成2厘米左右长的小段，备用。

❽ 将以上处理好的食材装盘，倒入法式芥末沙拉酱，搅拌均匀，即可食用。

主料

香芹100克 / 口蘑4个（约50克） / 圣女果100克

辅料

蒜末15克 / 黑胡椒碎6克 / 盐2克 / 橄榄油1茶匙 / 法式芥末沙拉酱30克

参考热量表

香芹100克	16千卡
口蘑50克	22千卡
圣女果100克	22千卡
法式芥末沙拉酱30克	52千卡
合计	112千卡

─ 烹饪秘籍 ─

将口蘑和圣女果放进平底锅中煎一下，能更好地散发出食材本身的香味。香芹是一种可以生吃的食材，如果不喜欢生吃，放入水中汆烫一下也可以。

 法式芥末沙拉酱　　021页

懒人最爱的沙拉
蒜香荷兰豆沙拉
⏱ 时间 15分钟　🍳 难度 简单

特色

大蒜的香气可以为平淡无奇的荷兰豆增香，搭配着荷兰豆脆嫩的口感，这是一份有创意的爽口沙拉。荷兰豆看起来不起眼，但具有很好的通便效果，是瘦身人士非常喜欢的食材之一。

做法

❶ 荷兰豆洗净，去掉两头的蒂，沥干水分备用。

❷ 锅中烧热水，放入荷兰豆氽烫1分钟，捞出，过凉水，沥干水分，待用。

❸ 将氽烫好的荷兰豆斜切成两段，待用。

❹ 红甜椒洗净，沥干水分，切成菱形片，待用。

❺ 胡萝卜去皮，洗净，沥干水分，切成和红甜椒片一样大小的菱形片。

❻ 将处理好的食材一同放入沙拉碗中，加入蒜末。

❼ 接着将油醋汁和盐加入碗中，搅拌均匀，即可食用。

主料

荷兰豆150克 / 红甜椒50克 / 胡萝卜50克

辅料

油醋汁30毫升 / 蒜末15克 / 盐少许

参考热量表

荷兰豆150克	45千卡
红甜椒50克	13千卡
胡萝卜50克	16千卡
油醋汁30毫升	50千卡
合计	124千卡

烹饪秘籍

新鲜的荷兰豆带有甜甜的滋味，所以这道沙拉可以不用加入白糖，这样能品尝到食材最原本的味道。

 油醋汁 018页

烤出来的喷香滋味
烤茄子沙拉

时间 30分钟　难度 简单

特色

烤茄子可以规避茄子吸油的特点，实现真正的低热量饮食。同时茄子经过烘烤之后更容易散发出它本身的味道。茄子是一种能降低血脂、抑制脂肪吸收的食材，可以经常食用。

做法

主料

长茄子1根（约210克）／圣女果100克／叶生菜50克

辅料

蛋黄沙拉酱30克／橄榄油1茶匙／蒜末10克／孜然粉2克／黑胡椒碎1茶匙

参考热量表

长茄子210克	48千卡
圣女果100克	22千卡
叶生菜50克	8千卡
蛋黄沙拉酱30克	52千卡
合计	130千卡

❶ 烤箱180℃预热。

❷ 长茄子洗净，去掉头部，沥干水分，滚刀切成边长3厘米左右的小块。

❸ 将茄子块放入碗中，加入蒜末、黑胡椒碎、孜然粉和橄榄油进行腌制，时间10分钟。

❹ 烤盘上铺一层锡纸，将腌制好的茄子块放在上面，入烤箱中层180℃烤制10分钟。

❺ 圣女果洗净，沥干水分，对半切开，备用。

❻ 叶生菜洗净，去掉老叶和根部，沥干水分，用手撕成适口的块状。

❼ 将烤好的茄子取出，放入盘中，接着放入处理好的叶生菜和圣女果。

❽ 淋上蛋黄沙拉酱和黑胡椒碎，搅拌均匀，即可食用。

烹饪秘籍

不喜欢蒜味的可以不用加蒜，如果觉得食材单一，还可以根据自己的喜好加入甜椒和芝麻菜等。

蛋黄沙拉酱　017 页

软糯香甜，口口幸福

烤南瓜沙拉

⏱ 时间 35分钟　✋ 难度 简单

特色

南瓜特有的香气经过烘烤以后散发出来，搭配清爽的芝麻菜，再点缀一把葡萄干，极富创意，给沙拉平添很多色彩。南瓜富含果胶，能促进人体新陈代谢，对便秘有很好的辅助食疗功效。

做法

❶ 烤箱220℃预热。

❷ 南瓜去皮，去子，切成边长2厘米左右的方块。

❸ 将南瓜块放入碗中，加入橄榄油和盐，搅拌均匀。

❹ 烤盘上铺一层锡纸，将上一步中的南瓜块放上，进烤箱中层烤制25分钟。

❺ 圣女果洗净，沥干水分，对半切开备用。

❻ 芝麻菜洗净，去除根部和老叶，沥干水分后撕成适口的小段备用。

❼ 将烤好的南瓜取出装盘，放入处理好的圣女果和芝麻菜。

❽ 淋上油醋汁，撒入葡萄干即可食用。

主料

南瓜200克 / 圣女果80克 / 芝麻菜50克 / 葡萄干20克

辅料

油醋汁30毫升 / 橄榄油2茶匙 / 盐1茶匙

参考热量表

南瓜200克	46千卡
圣女果80克	18千卡
芝麻菜50克	12千卡
葡萄干20克	69千卡
油醋汁30毫升	50千卡
合计	195千卡

—— 烹饪秘籍 ——

如果没有烤箱，南瓜也可以用蒸锅蒸熟，但是这样做的水分会比较大，容易破坏南瓜块的外形。所以尽量选择水分少的小南瓜。

 油醋汁　　　018页

美容瘦身又养颜
银耳芝麻菜沙拉

🕐 时间 20分钟　　😋 难度 简单

特色

银耳、芝麻菜和樱桃萝卜的搭配，不仅是营养丰富、色彩靓丽的美味，还是一道非常简单易做的中式减肥沙拉。芦笋具有低糖、低脂肪、高膳食纤维的特点，能有效抑制脂肪的吸收。

主料

芝麻菜50克／泡发银耳150克／樱桃萝卜3个（约100克）／红甜椒丝适量

辅料

苹果醋30毫升／盐少许／柠檬汁5毫升

参考热量表

芝麻菜50克	12千卡
泡发银耳150克	75千卡
樱桃萝卜100克	21千卡
苹果醋30毫升	9千卡
合计	117千卡

做法

❶ 泡发的银耳再次用清水冲洗干净，去掉老根，用手撕成小朵。

❷ 锅中烧水煮沸，将撕成朵的银耳下锅焯2分钟，捞出，沥干水分待用。

❸ 芝麻菜去除根部和纤维茎，留下的叶子清洗干净，沥干水分待用。

❹ 樱桃萝卜清洗干净，切成片待用。

❺ 取一个干燥的沙拉碗，依次放入上述处理好的食材，接着分别加入苹果醋和盐，充分拌匀。

❻ 食材装盘，盘中均匀淋上柠檬汁，最后点缀红甜椒丝，即可食用。

烹饪秘籍

这道沙拉中的"苹果醋"是点睛之笔，它的加入能提升整道沙拉的口感，清爽之中又带有一丝果香。

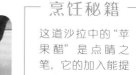

特色

杏鲍菇口感鲜嫩，有一种别样的清香，其所含营养成分能软化和保护血管，降低胆固醇的浓度，同时促进肠胃的消化。

主料

杏鲍菇250克／圣女果30克／彩椒50克／生菜80克

辅料

自制日式和风芝麻沙拉酱30克／白醋2茶匙／熟白芝麻1茶匙／黑胡椒碎适量／盐适量／食用油少许

参考热量表

杏鲍菇250克	90千卡
圣女果30克	7千卡
彩椒50克	13千卡
生菜50克	8千卡
芝麻沙拉酱30克	95千卡
合计	213千卡

素食也能吃出肉的感觉

杏鲍菇沙拉

时间 30分钟　难度 中等

做法

❶ 新鲜杏鲍菇清洗干净，斜刀法切成菱形片待用。

❷ 平底锅烧热，用刷子在上面薄薄涂一层食用油，将切好的杏鲍菇片放入，小火煎制。

❸ 看到杏鲍菇底面煎成金黄色时翻面，撒适量盐、黑胡椒碎，继续煎至另一面呈金黄色时，关火，将其盛出，放入盘中待用。

❹ 将生菜、圣女果、彩椒清洗干净。圣女果对半切开；彩椒切成小块；生菜手撕成小片，待用。

❺ 将上述食材放入沙拉碗中，倒入日式和风芝麻沙拉酱、白醋、盐拌匀，撒上熟白芝麻即可。

烹饪秘籍

在煎制杏鲍菇的时候撒入一些黑胡椒碎和盐可以让食材更加入味，吃起来的口感不会过于单调。

日式和风芝麻沙拉酱
022页

给味觉带来别样的刺激
酸辣芦笋沙拉

时间 15分钟　难度 简单

特色

芦笋这样简单的食材，因为酸辣酱的加入，瞬间有了不一样的格调！芦笋含有多种氨基酸，热量低，经常食用能增强身体的免疫力，同时还有减脂的功效。

做法

❶ 芦笋洗净，去掉根部老皮，放入加了盐的沸水中余烫，看到芦笋变色后立即捞出，过凉水，沥干水分。

❷ 将余烫好的芦笋斜切成3厘米左右的长段，备用。

❸ 胡萝卜去皮，洗净，沥干水分，斜切成菱形片，备用。

❹ 红尖椒洗净，沥干水分，切成3厘米的细丝，备用。

❺ 将以上处理好的食材全部放入碗中，加入蒜末、泰式酸辣酱和柠檬汁，搅拌均匀。

❻ 最后撒上熟黑芝麻，即可食用。

主料

芦笋150克／红尖椒50克／胡萝卜50克

辅料

蒜末10克／泰式酸辣酱30克／熟黑芝麻少许／盐少许／柠檬汁2毫升

参考热量表

芦笋150克	33千卡
红尖椒50克	14千卡
胡萝卜50克	16千卡
泰式酸辣酱30克	89千卡
合计	152千卡

── 烹饪秘籍 ──

芦笋先余烫成熟再切段，可以最大限度地保持芦笋的营养成分不流失。

🍲 泰式酸辣酱　　　019页

清新爽口
芦笋果蔬沙拉

⏱ 时间 15分钟　🥄 难度 简单

特色

比起沙拉酱，这个油醋汁的热量可以说是非常的低，配上清新爽口的各类蔬菜水果，减肥的同时，又能为身体补充丰富的维生素和膳食纤维。

做法

① 芦笋去掉底部的老皮，洗干净。

② 锅中加水烧开，放入芦笋焯烫10秒，然后捞出过凉水，沥干，用斜刀法切成段待用。

③ 将球生菜、苦苣洗净，沥干水分，手撕成片；圣女果洗净，对半切开；彩椒洗净，切成小块，待用。

④ 猕猴桃去皮，取果肉，对半切开，一半放入榨汁机中，挤入柠檬汁，搅打成汁。

⑤ 将剩下的另一半猕猴桃切成小块待用。

⑥ 取一个沙拉碗，放入焯好的芦笋段、生菜片、苦苣片，加入切好的圣女果和彩椒，最后撒上猕猴桃果肉。

⑦ 倒入油醋汁，加少许盐，最后淋上猕猴桃酱汁，和碗中的食材一起搅拌均匀即可。

主料

芦笋4根（约100克）/球生菜100克/猕猴桃1个（约60克）/苦苣50克/圣女果80克/彩椒50克

辅料

油醋汁40毫升/盐少许/柠檬汁5滴

参考热量表

芦笋100克	22千卡
球生菜100克	12千卡
猕猴桃60克	37千卡
苦苣50克	28千卡
圣女果80克	18千卡
彩椒50克	13千卡
油醋汁40毫升	67千卡
合计	197千卡

—— 烹饪秘籍 ——

猕猴桃柠檬汁的加入可以给这道沙拉带来一点不一样的风味，猕猴桃尽量选择成熟度高一点的，果香更浓郁。

 油醋汁　　　　　018页

混搭风格，造就别样美味

芦笋草莓沙拉

⏱ 时间 15分钟　🍃 难度 简单

特色

酸酸甜甜的草莓搭配鲜嫩的芦笋和芝麻菜，再搭配专属的酱汁，使这道沙拉有独特的味道。芝麻菜是一种可以入药的植物，有很好的利尿功效，可以加快人体内水分代谢，减少身体浮肿。

做法

主料

草莓100克 / 芦笋150克 / 芝麻菜50克

辅料

油醋汁30毫升 / 柠檬汁5毫升 / 草莓果酱10克 / 盐少许

参考热量表

草莓100克	32千卡
芦笋150克	33千卡
芝麻菜50克	12千卡
油醋汁30毫升	50千卡
草莓果酱10克	10千卡
合计	137千卡

❶ 用清水冲洗掉草莓表面的灰尘，放在淡盐水中浸泡10分钟。

❷ 将浸泡好的草莓去蒂，沥干水分，对半切开，备用。

❸ 芦笋洗净，去掉根部老皮，放入加了盐的沸水中余烫，看到芦笋变色后立即捞出，过凉水，沥干水分。

❹ 将余烫好的芦笋斜切成3厘米左右的长段，备用。

❺ 芝麻菜洗净，沥干水分，撕成适口的小段。

❻ 将处理好的芦笋、草莓和芝麻菜一起放入碗中，倒入油醋汁和柠檬汁，搅拌均匀。

❼ 最后淋上草莓果酱，即可食用。

烹饪秘籍

1. 草莓用淡盐水浸泡，可以有效去除果实表面的农药残留。

2. 余烫芦笋的时间不宜过长，当看到芦笋变色时就可以捞出，以保持爽脆的口感。

油醋汁　　　　018页

全家老少皆宜
彩虹水果沙拉
🕐 时间 15分钟　💗 难度 简单

特色

水果中富含多种维生素，为身体提供必要的营养素，每天适度吃些水果可以增强体质。这道彩虹沙拉的色彩很丰富，让你看了眼前一亮，变得特别有食欲！

做法

主料

草莓100克／香蕉1根（约90克）／猕猴桃1个（约60克）／大粒葡萄10颗（约85克）／木瓜50克／蓝莓20克

辅料

酸奶沙拉酱30克／蜂蜜10克／盐少许

参考热量表

草莓100克	32千卡
香蕉90克	82千卡
猕猴桃60克	37千卡
葡萄85克	38千卡
木瓜50克	14千卡
蓝莓20克	11千卡
酸奶沙拉酱30克	25千卡
蜂蜜10克	32千卡
合计	271千卡

❶ 蓝莓和葡萄用清水洗净，放入淡盐水中浸泡10分钟。

❷ 草莓用清水冲去灰尘，去掉蒂部，放入淡盐水中浸泡10分钟。

❸ 将泡好的草莓取出，沥干水分，切成四瓣，备用。

❹ 香蕉去皮，滚刀切成小块，备用。

—— 烹饪秘籍 ——

为了能达到彩虹的效果，水果的种类最好不要少于四种，最好有红色、黄色、绿色和紫色的水果。

❺ 猕猴桃去掉果皮，切成小块，备用。

❻ 木瓜去掉果皮，切成小块，备用。

❼ 将浸泡好的葡萄取出，沥干水分，对半切开；蓝莓取出，沥干水分，备用。

❽ 将以上全部食材按照颜色渐变顺序分层码放好，最后淋上酸奶沙拉酱和蜂蜜，即可食用。

 酸奶沙拉酱　018页

粉红少女的最爱
春日草莓沙拉

⏱ 时间　30分钟　　💗 难度　简单

特色

草莓不仅好吃而且颜色粉嫩，让人看了就会食欲大开。草莓含有丰富的维生素 C 和膳食纤维，可以起到预防便秘的作用，经常食用还能美容嫩肤。这样的食材搭配色彩艳丽的甜椒是不是感觉更加少女心了呢？

做法

❶ 用清水冲去草莓表面的灰尘，放入淡盐水中浸泡 10 分钟。

❷ 将浸泡好的草莓取出，沥干水分。对半切开，放入碗中，备用。

❸ 红甜椒洗净，沥干水分，切成小菱形块，备用。

❹ 黄甜椒洗净，沥干水分，切成小菱形块，备用。

❺ 将红甜椒和黄甜椒放入装有草莓的碗中。

❻ 碗中加入油醋汁，搅拌均匀，接着放入冰箱中冷藏 15 分钟。

❼ 将草莓沙拉从冰箱中取出，撒入腰果仁，即可食用。

主料

草莓 200 克 / 腰果仁 30 克 / 红甜椒 30 克 / 黄甜椒 30 克

辅料

油醋汁 30 毫升 / 盐少许

参考热量表

草莓 200 克	64 千卡
腰果仁 30 克	178 千卡
红甜椒 30 克	8 千卡
黄甜椒 30 克	8 千卡
油醋汁 30 毫升	50 千卡
合计	308 千卡

—— 烹饪秘籍 ——

冰镇后的草莓沙拉味道会更好，搭配冰激凌吃口感更佳。

 油醋汁　　　　018 页

益智健脑能量十足
坚果香蕉沙拉

⏱ 时间 30分钟　　🍳 难度 简单

特色

这道沙拉适合早餐时食用，香蕉和坚果搭配在一起，吃起来满嘴浓郁醇香，为崭新的一天储备能量。香蕉是非常受大家欢迎的热带水果，有清热润肠、促进肠胃蠕动的效果，但因为它的糖分含量不低，所以也要适量食用。

主料

香蕉2根（约175克）/杏仁5个（约5克）/腰果5个（约15克）/巴旦木5个（约15克）/葡萄干10克

辅料

无糖酸奶150克

参考热量表

香蕉 175 克	165 千卡
杏仁 5 克	29 千卡
腰果 15 克	89 千卡
巴旦木 15 克	88 千卡
葡萄干 10 克	34 千卡
无糖酸奶 150 克	88 千卡
合计	493 千卡

做法

❶ 将平底锅烧热，将杏仁、腰果、巴旦木放入锅中，小火焙香。

❷ 将焙好的坚果装进袋子中，用擀面杖碾碎。

❸ 香蕉去皮，从中间切半，接着将香蕉切成小块，放入干燥的沙拉碗中，待用。

❹ 在沙拉碗中放入坚果仁碎和葡萄干。

❺ 最后将无糖酸奶倒入碗中，和食材充分搅拌均匀即可食用。

─ 烹饪秘籍 ─

坚果可以灵活搭配，依据个人口味换成核桃或者腰果都可以，小火焙香可以让坚果的味道更加浓郁。

特色

最常见的两种水果，因为洋葱丁的加入，使二者的口感发生了神奇的变化，酸甜脆爽，减脂期间也不能辜负嘴！苹果和猕猴桃都富含膳食纤维，能促进消化加速脂肪的代谢，经常食用不仅可以补充维生素，同时还可以预防便秘。

主料

红富士苹果 150 克 / 猕猴桃 3 个（约225 克）

辅料

洋葱丁 10 克 / 盐适量 / 蜂蜜适量 /柠檬汁适量

参考热量表

红富士苹果 150 克	74 千卡
猕猴桃 225 克	137 千卡
洋葱丁 10 克	4 千卡
合计	215 千卡

酸爽香甜四季皆宜
苹果猕猴桃沙拉

⏱ 时间 15分钟　👐 难度 简单

做法

❶ 苹果洗净，去皮，切成小块，放入盐水中浸泡待用。

❷ 取 2 个猕猴桃，去皮取出果肉，切成和苹果块一样大小的块，放入干燥的沙拉碗中待用。

┏ 烹饪秘籍 ┓

1. 苹果切块后放入盐水中浸泡可以防止其被空气氧化，最大限度地保持食材的新鲜。
2. 洋葱丁的加入可以为这道沙拉增加独特的口感。

❸ 将剩余的猕猴桃去皮取果肉，切成小丁，然后与洋葱丁一起放进搅拌机中，挤入柠檬汁，搅打成汁。

❹ 将浸泡过的苹果块取出，沥干水分，放入沙拉碗中，依次加入猕猴桃洋葱汁、蜂蜜和盐。

❺ 将所有食材充分搅拌均匀，装盘即可食用。

口感新奇的另类吃法

烤苹果沙拉

⏱ 时间 15分钟　　💗 难度 简单

特色

有了苹果的酸甜，苦苣也没有那么苦了。苹果是美容佳品，既能减肥，又可以使皮肤润滑柔嫩。

做法

❶ 烤箱180℃预热；苹果洗净，沥干水分，切成瓣状，放入烤盘中，在表面上刷一层橄榄油。

❷ 将苹果放入烤箱中，中层烤2分钟，关火取出。

❸ 香蕉去皮，切成斜片，备用。

❹ 苦苣洗净，去掉根部和老叶，沥干水分，撕成适口的片。

❺ 将苦苣铺入盘中，接着加入香蕉片和烤好的苹果。

❻ 淋上酸奶沙拉酱，即可食用。

主料

苹果150克／香蕉1根（约90克）／苦苣50克

辅料

酸奶沙拉酱30克／橄榄油1茶匙

参考热量表

苹果150克	74千卡
香蕉90克	82千卡
苦苣50克	28千卡
酸奶沙拉酱30克	25千卡
合计	209千卡

—— 烹饪秘籍 ——

将苹果换成黄桃味道也会非常好，在烤制苹果时，一定要注意时间的掌握。

🥄 酸奶沙拉酱　　　018页

清爽鲜甜的味蕾享受

洋葱西柚沙拉

⏱ 时间 10分钟　　👨 难度 简单

特色

西柚和洋葱看起来像是不相干的两者，但他们的结合却能带给人不一样的味道！减脂期间开动脑筋，让自己吃得更丰富多彩一些吧！西柚富含维生素C，而糖分含量很少，减肥人士的餐单都少不了它。

主料

西柚2个（约380克）/ 洋葱1个（约90克）/ 芹菜50克

辅料

油醋汁30毫升 / 盐2克 / 红甜椒丝少许

参考热量表

西柚380克	125千卡
洋葱90克	36千卡
芹菜50克	8千卡
油醋汁30毫升	50千卡
合计	219千卡

做法

❶ 将西柚对半切开，取出果肉，切成小块待用。

❷ 洋葱、芹菜分别洗净，洋葱切成细丝，芹菜斜切成小段，待用。

❸ 取一个干燥的沙拉碗，将上述处理好的食材放入碗中，放入油醋汁、盐，充分搅拌。

❹ 食材装盘，最后点缀红甜椒丝，即可食用。

—— 烹饪秘籍 ——

芹菜最好选择细嫩一些的香芹，这样吃起来的口感和味道会更好。

 油醋汁　　　　018页

增肌减脂的
肉食沙拉

橙子与鸡肉的神奇碰撞

香橙鸡肉沙拉

时间 25分钟　难度 中等

特色

鸡胸肉热量低，但水煮出来的口感略柴，搭配酸爽可口的橙子，能弥补鸡胸肉口感上的不足。鸡胸肉富含优质蛋白质，同时脂肪含量低，是减肥时很好的肉类选择。

做法

❶ 新鲜鸡胸肉洗净，放入沸水中煮至完全熟透，捞出过凉水，沥干，撕成细丝待用。

❷ 新鲜橙子去掉果皮，取出果肉，将果肉切成 1.5 厘米见方的小块。

❸ 芝麻菜清洗干净，去除老叶和根部，撕成适口的小块。

❹ 将以上处理好的食材一起装入沙拉碗中。

❺ 将油醋汁淋入装有食材的碗中，加入洋葱碎和核桃仁，充分搅拌均匀。

❻ 撒上黑胡椒碎，即可食用。

主料

鸡胸肉 100 克／新鲜橙子 1 个（约 150 克）／芝 麻 菜 20 克／洋葱碎 5 克／核桃仁 20 克

辅料

黑胡椒碎少许／自制油醋汁 30 毫升

参考热量表

鸡胸肉 100 克	133 千卡
橙子 150 克	71 千卡
芝麻菜 20 克	5 千卡
核桃仁 20 克	122 千卡
油醋汁 30 毫升	50 千卡
合计	381 千卡

烹饪秘籍

鸡胸肉也可以切成小块后放入微波炉中，高火加热 3 分钟，即可熟透。

🍲 油醋汁　　　　018 页

360 度满足你的味蕾
盐烤鸡胸肉秋葵沙拉
🕐 时间 30 分钟　💗 难度 中等

特色

秋葵营养丰富，富含可溶性膳食纤维，有保护胃黏膜的作用。口感脆弹的秋葵，香嫩多汁的烤鸡胸，这样健康美丽的搭配，怎么能错过？

做法

❶ 烤箱预热至230℃。

❷ 鸡胸肉洗净，切成2厘米大小见方的小丁，加入黑胡椒碎、料酒和盐腌制片刻。

❸ 将腌制好的鸡胸肉包在锡纸中，放入已经预热的烤箱，上下火烤18分钟。

❹ 秋葵洗净，刷去表面细小的茸毛，放入沸水中焯烫1分钟。

❺ 将焯烫好的秋葵捞出，沥干水分，切成小段待用。

❻ 黄甜椒洗净，切成小块。红甜椒洗净，切成细丝待用。

❼ 将烤好的鸡胸肉、秋葵和黄甜椒一起放入碗中，淋上法式芥末沙拉酱，充分搅拌均匀。

❽ 点缀红甜椒丝，即可食用。

主料

秋葵100克 / 新鲜鸡胸肉150克 / 黄甜椒40克 / 红甜椒30克

辅料

黑胡椒碎10克 / 料酒2茶匙 / 盐1/2茶匙 / 法式芥末沙拉酱30克

参考热量表

鸡胸肉150克	200千卡
秋葵100克	45千卡
彩椒70克	18千卡
法式芥末沙拉酱30克	52千卡
合计	315千卡

—— 烹饪秘籍 ——

秋葵最好是先焯水后再切段，这样能最大限度地保持秋葵的营养不流失。

法式芥末沙拉酱　　021页

变废为宝，滋味很惊喜

煎米饼鸡丝沙拉

时间 30分钟　难度 中等

特色

剩米饭并非只能做蛋炒饭，稍微花点心思，就能变身为很特别的米饼，不需要太多时间，也不需要复杂的食材，却能为瘦身之路又增添一份力量。

做法

❶ 将米饭用筷子和勺子拨散，不要有结块。

❷ 西芹洗净，切去根部，切成小粒。

❸ 将西芹粒放入米饭中，打入1个鸡蛋，加少许盐拌匀。

❹ 平底锅烧热，加入橄榄油，将搅拌好的米饭用勺子辅助，煎成两个厚约1厘米的圆饼，两面都要煎至金黄色。

❺ 胡萝卜洗净，去皮，斜切成薄片。

❻ 将胡萝卜片放入沸水中氽烫1分钟，捞出沥干水分待用。

❼ 鸡胸肉洗净，放入沸水中氽烫熟，捞出沥干水分，撕成细丝待用。

❽ 取一个煎好的米饼，平铺上烫好的胡萝卜片，撒上鸡胸肉丝，淋上蛋黄沙拉酱，再盖上另一块米饼即可。

主料

米饭150克 / 鸡胸肉70克 / 胡萝卜100克 / 西芹50克 / 鸡蛋1个（约50克）

辅料

橄榄油2茶匙 / 蛋黄沙拉酱20克 / 盐少许

参考热量表

米饭150克	174千卡
鸡胸肉70克	93千卡
胡萝卜100克	32千卡
西芹50克	8千卡
鸡蛋50克	76千卡
蛋黄沙拉酱20克	35千卡
合计	418千卡

—— 烹饪秘籍 ——

最好选用隔夜的剩饭。保存剩饭时一定要盖好保鲜膜，放入冰箱冷藏，使用时提前半小时从冰箱中拿出回温。

 蛋黄沙拉酱　　　017页

川蜀风情

黑胡椒棒棒鸡沙拉

⏱ 时间 60分钟　　🍳 难度 中等

特色

棒棒鸡是川菜中的一道凉菜，将川菜做成沙拉，很富有创意。只不过这道沙拉没有川菜的辣，而是将辣椒换成了能够提升人体代谢的香料——黑胡椒碎。

做法

❶ 鸡胸肉洗净，竖切2刀，分割成3块，放入碗中。

❷ 碗中加入生抽，盐和黑胡椒碎，与鸡胸肉一起抓匀，腌制30分钟。

❸ 生菜洗净，去除根部和老叶，沥干水分，切成适口的大小，备用。

❹ 黄瓜洗净，斜刀切片。胡萝卜洗净、去皮，斜刀切片备用。

❺ 圣女果洗净，沥干水分，对半切开备用。

❻ 平底锅加热，将腌制好的鸡胸肉放入锅中小火煎制。

❼ 当看到鸡胸肉底面煎成金黄色时，翻面，继续煎至两面都呈金黄色，关火取出，晾凉，将鸡肉撕成棒状。

❽ 将上面处理好的全部食材装盘，淋上日式和风芝麻沙拉酱即可食用。

主料

鸡胸肉100克／生菜40克／圣女果5颗（约90克）／黄瓜50克／胡萝卜50克

辅料

日式和风芝麻沙拉酱30克／黑胡椒碎少许／盐3克／生抽1汤匙

参考热量表

鸡胸肉100克	133千卡
生菜40克	6千卡
圣女果90克	19千卡
黄瓜50克	8千卡
胡萝卜50克	16千卡
芝麻沙拉酱30克	95千卡
合计	277千卡

— 烹饪秘籍 —

鸡胸肉腌得好坏在一定程度上关系着整道沙拉的成败，如果喜欢，可以在腌制时加入一些柠檬汁，丰富鸡肉的口感。

 日式和风芝麻沙拉酱

022 页

浓浓的意大利风情
意式鸡肉烤吐司沙拉

时间 25分钟　难度 中等

特色

鸡胸肉低热量、高蛋白，是想减肥又嘴馋的人的必选食材。搭配吐司又提供了碳水化合物，令你吃得饱又能吃得好。

做法

主料

吐司2片（约120克）／鸡胸肉100克／叶生菜50克／圣女果3颗（约50克）

辅料

大蒜3瓣／蛋黄沙拉酱30克／盐少许

参考热量表

吐司 120 克	334 千卡
鸡胸肉 100 克	133 千卡
叶生菜 50 克	8 千卡
圣女果 50 克	12 千卡
蛋黄沙拉酱 30 克	52 千卡
合计	539 千卡

❶ 烤箱180℃预热；大蒜洗净、去皮，压成蒜泥。

❷ 鸡胸肉洗净，切成小块，放入沸水中煮熟，捞出沥干水分。

❸ 将煮熟的鸡胸肉剁成肉蓉，加入蛋黄沙拉酱，充分搅拌均匀。

❹ 将吐司放入烤箱中，中层烤7分钟。

❺ 叶生菜洗净，去根，切成细丝。圣女果洗净，去蒂，对半切开。

❻ 将生菜丝与鸡肉蓉、蒜泥放入小碗中，撒少许盐拌匀。

❼ 吐司从烤箱中取出，将拌好的沙拉涂抹在烤好的吐司片上，点缀上圣女果即可食用。

烹饪秘籍

如果没有烤箱，也可以将吐司放在平底锅中加热，至两面都呈金黄色即可拿出。

 蛋黄沙拉酱　　　017 页

浓郁的墨西哥风情
墨西哥鸡丝卷沙拉

⏱ 时间 35分钟　　😋 难度 简单

特色

将鸡胸肉和蔬菜混合起来放在卷饼中，瞬间就能让身体充满能量！胡萝卜富含维生素、木质素等营养成分，经常食用能有效降低胆固醇，预防心脏疾病和肿瘤。

主料

鸡胸肉100克 / 苦苣50克 / 胡萝卜100克 / 全麦饼皮2张（约60克）

辅料

油醋汁30毫升

参考热量表

鸡胸肉100克	133千卡
苦苣50克	28千卡
胡萝卜100克	32千卡
全麦饼皮60克	195千卡
油醋汁30毫升	50千卡
合计	438千卡

做法

❶ 鸡胸肉洗净，放入沸水中焯熟。

❷ 将焯熟的鸡胸肉捞出晾凉，撕成鸡丝备用。

❸ 胡萝卜洗净，去皮，用刨丝器刨成约3厘米长的细丝。

❹ 苦苣去根、去老叶，洗净后沥干水分，切成3厘米的小段。

❺ 将鸡丝、胡萝卜丝和苦苣一起放入沙拉碗中，淋上油醋汁搅拌均匀。

❻ 将搅拌好的沙拉平铺在全麦饼皮中，卷起来即可食用。

┌ 烹饪秘籍 ┐

判断鸡胸肉是否熟透，可以捞出后用筷子扎一下，没有血水即可。煮得过老会影响口感。

🍲 油醋汁　　018页

特色

荸荠口感清脆，与鸡丝和嫩豆腐搭配，可以获得奇妙的味觉体验。荸荠富含粗纤维，有很好的润肠通便的功效。

主料

嫩豆腐 100 克 / 新鲜鸡胸肉 150 克 / 荸荠 100 克 / 红甜椒 30 克

辅料

葱段 10 克 / 姜片 2 片 / 盐少许 / 自制日式和风芝麻沙拉酱 30 克

参考热量表

嫩豆腐 100 克	57 千卡
鸡胸肉 150 克	200 千卡
荸荠 100 克	61 千卡
红甜椒 30 克	8 千卡
和风芝麻沙拉酱 30 克	95 千卡
合计	421 千卡

清脆爽口又消暑

豆腐鸡丝荸荠沙拉

时间 25 分钟　难度 简单

做法

① 鸡胸肉洗净，放入加有葱段、姜片的沸水中煮熟，捞出沥干水分，撕成细丝待用。

② 荸荠去掉表皮，洗净，切成 1.5 厘米见方的小块，放入淡盐水中浸泡待用。

③ 嫩豆腐用清水冲洗干净，切成 2 厘米见方的块状，待用。

④ 红甜椒清洗干净，切成细丝，待用。

⑤ 将鸡丝、荸荠块、豆腐块装入盘中，淋上自制日式和风芝麻沙拉酱。

⑥ 点缀上红甜椒丝，即可食用。

烹饪秘籍

荸荠是一种可以生食的蔬菜，口感清脆，适合做沙拉食用。切好后放入淡盐水中浸泡，能防止其被氧化。

日式和风芝麻沙拉酱
022 页

天使的外表，魔鬼的诱惑
魔鬼豆腐球鸡肉沙拉

🕐 时间 40分钟　💗 难度 中等

特色

平凡的豆腐遇上鸡胸肉，普通的食材却碰撞出了魔鬼般诱惑的口感，让人一口接一口地停不下来。豆腐富含植物蛋白，热量却极低，是减肥时期非常好的食材。

做法

① 老豆腐用清水冲洗干净，放入碗中，压成泥备用。

② 鸡胸肉洗净，先切片，接着用刀背剁成鸡肉蓉，倒入装有豆腐泥的碗中。

③ 碗中加葱末、姜末、料酒、玉米淀粉、盐、胡椒粉，与豆腐泥和鸡肉蓉呈一个方向搅拌，搅拌5分钟左右至上劲即可。

④ 带上一次性手套，将肉泥放入手中，在虎口处挤出丸子，摆放在盘中。

⑤ 锅中加水煮沸，将丸子小心放入沸水中氽烫，成熟后捞出备用。

⑥ 另起一锅水，煮沸；速冻玉米粒冲掉浮冰，放入沸水中焯熟，捞出沥干水分备用。

⑦ 叶生菜和紫甘蓝洗净，沥干水分，切成细丝，平铺在沙拉盘中。

⑧ 将豆腐鸡肉球摆盘，撒入煮熟的玉米粒，最后淋上法式芥末沙拉酱即可食用。

主料

老豆腐70克 / 鸡胸肉100克 / 叶生菜50克 / 紫甘蓝50克 / 速冻玉米粒50克

辅料

姜末5克 / 葱末10克 / 料酒1汤匙 / 胡椒粉少许 / 盐2克 / 法式芥末沙拉酱30克 / 玉米淀粉2茶匙

参考热量表

老豆腐70克	69千卡
鸡胸肉100克	133千卡
叶生菜50克	8千卡
紫甘蓝50克	12千卡
速冻玉米粒50克	59千卡
法式芥末沙拉酱30克	52千卡
合计	333千卡

烹饪秘籍

豆腐一定要用比较硬的老豆腐，这样做出来的豆腐鸡肉球才能成形，不容易散开。

法式芥末沙拉酱　021页

五彩斑斓的美味

鸡丝白菜沙拉

⏱ 时间 25分钟　😋 难度 简单

特色

大白菜是一种常见的食材，含有丰富的维生素和膳食纤维，能很好地抑制身体对脂肪的吸收。口感滑嫩的鸡丝搭配爽脆的白菜，便是一道充满中国风情的沙拉。

主料

新鲜鸡胸肉100克／大白菜50克／胡萝卜50克／紫甘蓝50克／青椒50克

辅料

法式芥末沙拉酱30克／料酒1汤匙／姜片2片／盐少许

参考热量表

鸡胸肉100克	133千卡
大白菜50克	9千卡
胡萝卜50克	16千卡
紫甘蓝50克	12千卡
青椒50克	14千卡
法式芥末沙拉酱30克	52千卡
合计	236千卡

做法

❶ 将鸡胸肉洗净，放入加有料酒和姜片的沸水中汆烫成熟。

❷ 捞出鸡胸肉，过凉水，沥干水分，撕成细丝备用。

❸ 大白菜洗净，沥干水分，切成细丝备用。

❹ 胡萝卜洗净，去皮，去掉头部，用刨丝器刨成4厘米左右长的细丝备用。

❺ 紫甘蓝洗净，切成和胡萝卜丝一样长度的细丝。

❻ 青椒洗净，切成4厘米左右长的细丝。

❼ 将切好的大白菜丝、胡萝卜丝、青椒丝和紫甘蓝丝一起放入碗中。

❽ 在碗中倒入鸡胸肉丝，撒少许盐，淋上法式芥末沙拉酱，即可食用。

烹饪秘籍

新鲜鸡胸肉也可以换成鸡腿肉制作，口感会更加嫩滑，只不过热量稍微高一些。

法式芥末沙拉酱　　　021页

颜值与营养并存

豆腐皮鸡肉卷沙拉

时间 40分钟　难度 难

特色

对待烹饪，不妨大胆一点，随心所欲地发挥想象力。洋为中用，为沙拉披上一件中式风情的美丽外衣吧！干豆腐皮又称千张、百叶，是由黄豆加工制成的豆制品，含有丰富的蛋白质、卵磷脂及矿物质，能够预防血管硬化和骨质疏松。

做法

① 将干豆腐皮洗净，切成6块，放入开水中余烫1分钟，小心捞出，不要弄破。

② 鸡蛋磕入小碗中，加少许盐打散，加入玉米淀粉和1茶匙纯净水搅拌均匀。

③ 平底锅烧热，倒入蛋液，平摊成蛋饼，保持中小火煎至金黄，小心翻面，将两面都煎至金黄。

④ 鸡胸肉洗净，放入沸水中煮熟，捞出晾凉，撕成细丝备用。

⑤ 豇豆择洗净，切成与豆腐皮较长的边同等的长度，入淡盐水中余烫1分钟，捞出。韭菜洗净，入沸水中余烫10秒钟捞出，沥干。

⑥ 将步骤3中煎好的蛋饼卷起，切成细条。

⑦ 胡萝卜洗净、去皮，用刨丝器刨成和豇豆一样长的细丝，备用。

⑧ 取一张干豆腐皮，铺上豇豆、胡萝卜丝、鸡胸肉丝和鸡胸肉丝，淋入韩式蒜蓉沙拉酱，紧紧卷好，再用韭菜捆绑固定，摆盘即可。

主料

干豆腐皮1张（约60克）／鸡蛋1个（约50克）／鸡胸肉100克／豇豆50克／胡萝卜50克

辅料

玉米淀粉1茶匙／盐少许／韭菜若干根／韩式蒜蓉沙拉酱30克

参考热量表

干豆腐皮60克	157千卡
鸡蛋50克	76千卡
鸡胸肉100克	133千卡
豇豆50克	16千卡
胡萝卜50克	16千卡
韩式蒜蓉沙拉酱30克	32千卡
合计	430千卡

—— 烹饪秘籍 ——

鸡蛋液中加入玉米淀粉和纯净水，可以让煎出来的蛋皮弹性更好，不易破损。

 韩式蒜蓉沙拉酱　　021页

沙拉也可以很滋补
芒果鸭胸肉沙拉

⏱ 时间 60分钟　💗 难度 难

特色

鸭胸肉脂肪含量较低，是典型的低热量肉类食材，与芒果一起做沙拉，肥而不腻，果香与肉香结合得恰到好处。

做法

❶ 鸭胸肉洗净，加入盐、料酒、蚝油、白糖和黑胡椒碎拌匀，用保鲜膜包好，入冰箱腌制4小时。其间拿出来搅拌两次。

❷ 烤箱预热至200℃，将腌好的鸭胸肉放入锡纸中包好，放置在烤盘上，入烤箱烤制15分钟，取出。

❸ 在鸭胸肉表面刷一层蜂蜜，继续回烤箱中烤制15分钟。

❹ 取出鸭胸肉，晾凉，切成厚度约2毫米的片备用。

❺ 芒果去皮，去掉中间的果核，切成薄片备用。

❻ 生菜和西芹洗净，沥干水分，去掉根部和老叶，切成适口的小段备用。

❼ 将上面处理好的食材一起放入碗中，淋入泰式酸辣酱，即可食用。

主料

鸭胸肉100克 / 芒果150克 / 生菜40克 / 西芹50克

辅料

白糖1茶匙 / 盐2克 / 料酒1汤匙 / 蚝油1茶匙 / 蜂蜜1茶匙 / 黑胡椒碎适量 / 泰式酸辣酱30克

参考热量表

鸭胸肉100克	90千卡
芒果150克	52千卡
生菜40克	6千卡
西芹50克	8千卡
泰式酸辣酱30克	89千卡
白糖5克	20千卡
蜂蜜5克	16千卡
合计	281千卡

烹饪秘籍

鸭胸肉提前腌制4小时会更容易入味，腌制时要包上保鲜膜，放入冰箱冷藏，防止鸭胸肉变质。

 泰式酸辣酱　　019页

粗粮豆红肉，减脂又增肌
玉米牛肉豌豆沙拉

⏱ 时间 70分钟　　💪 难度 中等

特色

牛肉是解馋又饱腹的健康红肉，多吃也不怕发胖，最适合需要增肌减脂的健美人士。配上简单处理即熟的蔬菜，保证营养又能吃得过瘾。

主料

速冻玉米粒100克／牛肉100克／新鲜豌豆粒100克／胡萝卜50克

辅料

料酒1茶匙／八角3颗／花椒3克／盐少许／葱段10克／干山楂片适量／油醋汁30毫升

参考热量表

速冻玉米粒100克	118千卡
牛肉100克	106千卡
豌豆粒100克	111千卡
胡萝卜50克	16千卡
油醋汁30毫升	50千卡
合计	401千卡

做法

❶ 将牛肉放入加过料酒的沸水中，大火煮3分钟后撇去血沫，捞出沥水。

❷ 另起一锅，加入八角、花椒、葱段和干山楂片，煮沸后放入余烫过的牛肉，加少许盐，文火慢炖45分钟。

❸ 将煮好的牛肉捞出，晾凉后切成边长约1厘米的方块状。

烹饪秘籍

牛肉不容易炖熟，山楂片的加入可以解决这个问题，同时能给牛肉带来更别致的风味。

❹ 速冻玉米粒冲去浮冰，新鲜豌豆粒洗净，一起放入沸水中余烫1分钟，捞出后沥干水分备用。

❺ 胡萝卜洗净，去掉表皮，切成小丁备用。

❻ 将牛肉丁、玉米粒、豌豆粒和胡萝卜丁一起放入沙拉碗中，淋上油醋汁，搅拌均匀即可。

 油醋汁　　018页

特色

南瓜煎熟后散发出一股甜甜的香气，搭配烘烤过的黑椒牛肉、爽口的洋葱和西蓝花来平衡口感，能全方位满足你。

主料

南瓜 200 克／牛里脊肉 100 克／洋葱 50 克／西蓝花 50 克／胡萝卜 50 克

辅料

料酒 1 茶匙／橄榄油 10 毫升／盐少许／现磨黑胡椒粉适量／黑胡椒汁 30 毫升

参考热量表

南瓜 200 克	46 千卡
牛里脊肉 100 克	106 千卡
洋葱 50 克	20 千卡
西蓝花 50 克	18 千卡
胡萝卜 50 克	16 千卡
黑胡椒汁 30 毫升	38 千卡
合计	244 千卡

大口吃肉也能瘦
盐煎南瓜牛里脊沙拉

🕒 时间 40 分钟　　👍 难度 中等

做法

❶ 烤箱 180℃预热；南瓜洗净，切成约 1.5 厘米见方的小块，撒上少许盐和现磨黑胡椒粉。

❷ 平底锅烧热，刷薄薄一层橄榄油，依次放入南瓜块，加入 30 毫升开水，转小火慢煎，待水分挥发干、南瓜块变软后关火。

❸ 牛肉洗净，切成 1.5 厘米左右的小块，加入料酒腌渍 5 分钟，送入烤箱，以 180℃烘烤 20 分钟。

> ┌─ 烹饪秘籍 ─┐
>
> 南瓜尽量切得小一点，这样才容易成熟。

❹ 洋葱洗净、去皮、去根，切成 2 厘米左右的小块。

❺ 西蓝花去掉梗，切成适口的小朵，入淡盐水中泡洗净，沥干；胡萝卜洗净、去根，先竖着对切后再斜切成薄片。

❻ 将西蓝花和胡萝卜放入煮沸的淡盐水中，余烫 1 分钟后捞出，沥干水分。

❼ 将以上处理好的食材一起放入沙拉碗中，淋上黑胡椒汁即可食用。

品尝异域风味
泰式牛肉芒果沙拉

🕐 时间 60分钟　　🍓 难度 中等

特色

牛肉是解馋又饱腹的健康红肉，多吃也不发胖，最适合增肌减脂的健美人士。芒果富含膳食纤维，经常食用有清肠和防便秘的功效，与牛肉搭配，一道口感丰富的沙拉就出来了。

做法

主料

牛排1块（约150克）/芒果1个（约120克）/叶生菜50克

辅料

泰式酸辣酱30克/生抽1汤匙/料酒1茶匙/黑胡椒碎适量/橄榄油1茶匙/花生碎10克

参考热量表

牛排150克	255千卡
芒果120克	42千卡
叶生菜50克	8千卡
泰式酸辣酱30克	89千卡
合计	394千卡

❶ 牛排清洗干净，用厨房纸巾吸干表面水分，放入盘中。

❷ 加入生抽、料酒和黑胡椒碎，与牛排一起腌制，时间30分钟左右。

❸ 叶生菜洗净，去掉老叶，撕成适口的块状备用。

❹ 芒果去皮，去掉果核，切成块状待用。

❺ 平底锅烧热，在锅底均匀刷上薄薄一层橄榄油，放入腌制好的牛排，小火煎2分钟后翻面，继续煎2分钟，关火。

❻ 将煎好的牛排盛出，晾凉，切成小块备用。

烹饪秘籍

煎牛排的时间可以根据牛排的厚度来进行调整，如果较厚，煎制的时间就要稍微久一点。

❼ 将芒果、叶生菜与牛排一起装盘，搅拌均匀，淋上泰式酸辣酱。

❽ 撒上花生碎点缀，即可食用。

 泰式酸辣酱　　　019页

沙拉也能吃出法国大餐的感觉

红酒黑椒牛排沙拉

⏱ 时间 50分钟　　😋 难度 难

特色

牛排配红酒是经典搭配。红酒是经葡萄酿造后得出的产物，少量饮用可以促进睡眠、加快新陈代谢。将用红酒腌制过的牛排搭配营养的蔬菜，做成美味的沙拉，别有一番味道，爱吃肉的你赶紧试试吧。

做法

❶ 牛排洗净，用厨房纸巾吸干水分，用擀面杖或者刀背敲打牛排的正反面。

❷ 将牛排放入盘中，两面抹上盐、黑胡椒碎，倒入红酒，腌制30分钟

❸ 西蓝花洗净，掰成适口的块状，放入沸水中焯熟，捞出，沥干水分待用。

❹ 圣女果洗净，对半切开待用。

❺ 平底锅加热，倒入橄榄油，放入牛排，用中小火煎制2分钟，翻面，再继续煎制1分钟。

❻ 将煎好的牛排盛出晾凉，切成边长约2厘米的小块待用。

❼ 平底锅烧热，放入蒜末和洋葱碎煸香，倒入腌制牛排的红酒汁，加入适量水，小火熬至汤汁浓稠，关火。

❽ 将牛排、西蓝花和圣女果装盘，淋上红酒沙拉汁和泰式酸辣酱，即可食用。

主料

牛排200克 / 西蓝花50克 / 圣女果4颗（约70克）

辅料

红酒1汤匙 / 黑胡椒碎2茶匙 / 盐3克 / 洋葱碎30克 / 蒜末10克 / 泰式酸辣酱20克 / 橄榄油3茶匙

参考热量表

牛排200克	340千卡
西蓝花50克	18千卡
圣女果70克	15千卡
泰式酸辣酱20克	59千卡
洋葱碎30克	12千卡
橄榄油15克	135千卡
合计	579千卡

—— 烹饪秘籍 ——

在腌制牛排之前用擀面杖或者刀背敲打牛排的正反面，可以将牛肉的纤维打断，吃起来口感更加柔嫩。

 泰式酸辣酱　　019页

嗜辣族的最爱
酸爽辣牛肉沙拉
时间 50分钟　难度 简单

特色

当牛排以沙拉的形式出现，配上口感柔嫩、维生素含量丰富的叶生菜，立刻带给味蕾五星级的享受。

做法

❶ 牛排清洗干净，用厨房纸巾吸干表面水分，放入盘中。

❷ 往牛排中加入盐、生抽、料酒和黑胡椒碎，腌制30分钟左右。

❸ 叶生菜洗净，去掉老叶，撕成适口的块状备用。

❹ 圣女果对半切开，再切一刀，分成四瓣，备用。

❺ 平底锅烧热，在锅底均匀刷上薄薄一层橄榄油，放入牛排小火煎2分钟后翻面，继续煎制2分钟，关火。

❻ 将煎好的牛排盛出，晾凉，切成小块备用。

❼ 小米椒洗净、去蒂，沥干水分，切成颗粒，待用。

❽ 将处理好的圣女果和叶生菜摆盘，码上切好的牛排，点缀蒜蓉和小米椒粒，淋入泰式酸辣酱即可食用。

主料

牛排1块（约150克）/ 圣女果10颗（约175克）/ 叶生菜50克

辅料

小米椒3个 / 蒜蓉10克 / 料酒1汤匙 / 黑胡椒碎适量 / 生抽2茶匙 / 盐少许 / 橄榄油1茶匙 / 泰式酸辣酱30克

参考热量表

牛排150克	255千卡
圣女果175克	39千卡
叶生菜50克	8千卡
泰式酸辣酱30克	89千卡
合计	391千卡

—— 烹饪秘籍 ——

这道沙拉可以依据个人的口味喜好，适当增加小米椒的用量。

 泰式酸辣酱　　　019页

迷之好味道，解馋有门道
菠萝蜜汁里脊沙拉

🕐 时间 45分钟　　⚙ 难度 难

特色

来自菠萝咕噜肉的灵感，用沙拉的形式重新演绎，搭配营养丰富的红薯和甜椒，大胆创新，营养加倍。红薯饱腹又润肠，颜色也很漂亮，适合减脂期时作为主食来食用。

做法

❶ 菠萝切小块，用淡盐水浸泡15分钟左右后捞出。

❷ 里脊肉切成粗约1厘米、长约3厘米的条状，加料酒、盐腌渍片刻。

❸ 面粉放入碗中，加入鸡蛋和少许盐、十三香，搅拌成糊状；放入里脊条，均匀裹上鸡蛋面糊。

❹ 花生油烧至七成热，保持中小火，放入里脊条，炸至呈淡淡的金黄色后捞出，用厨房纸吸去多余油分。

❺ 红薯洗净，用餐巾纸包裹一层，并将餐巾纸打湿。

❻ 将包裹好的红薯放入微波炉，高火加热6分钟，取出晾凉，去除两端纤维多的部分，切成适口的小块。

❼ 青椒和红甜椒洗净，切成边长1厘米的小块。

❽ 将红薯块、青红甜椒块、里脊条和菠萝块放入沙拉碗中拌匀，浇上番茄沙拉酱即可食用。

主料

红薯150克／里脊肉100克／菠萝100克／青椒30克／红甜椒30克

辅料

料酒1茶匙／盐适量／十三香少许／鸡蛋1个（约50克）／面粉15克／花生油500克（实用15克）／番茄沙拉酱30克

参考热量表

红薯150克	148千卡
里脊肉100克	155千卡
菠萝100克	44千卡
青椒30克	8千卡
红甜椒30克	8千卡
鸡蛋50克	76千卡
番茄沙拉酱30克	50千卡
花生油15克	135千卡
面粉15克	52千卡
合计	666千卡

── 烹饪秘籍 ──

如果想让里脊有着非常脆的口感，可以分两次油炸。第一次颜色稍微发黄时即可捞出，稍微冷却后再回锅炸至金黄色即可。

 番茄沙拉酱　　　020页

清爽鲜美的海洋馈赠

虾仁牛油果沙拉

⏱ 时间　20分钟　　难度　简单

主料

新鲜大虾150克／牛油果1个（约100克）／速冻玉米粒30克／速冻豌豆粒20克／红甜椒20克

辅料

自制酸奶沙拉酱30克／盐少许

参考热量表

大虾150克	140千卡
牛油果100克	161千卡
速冻玉米粒30克	35千卡
速冻豌豆粒20克	22千卡
红甜椒20克	5千卡
酸奶沙拉酱30克	25千卡
合计	388千卡

—— 烹饪秘籍 ——

1. 牛油果口感略微甜腻，可用酸奶沙拉酱进行中和。
2. 大虾焯水时间不宜过长，否则会肉质过老，影响口感。

特色

新鲜大虾配上牛油果，颜值和味道瞬间提升，在满足营养需求的同时，热量也非常低。

做法

❶ 大虾洗净，去除头部，开背，剔除虾线。

❷ 将处理好的大虾放入沸水中焯熟，捞出后过凉水，沥干水分备用。

❸ 牛油果对半切开，取出果肉，切成1厘米见方的小丁。

❹ 将玉米粒和豌豆粒冲去浮冰，放入沸水中焯熟，捞出后沥干水分待用。

❺ 红甜椒洗净，沥干水分后切成细丝待用。

❻ 将以上处理好的食材放入干燥的沙拉碗中。

❼ 淋上自制酸奶沙拉酱，撒少许盐，拌匀即可。

 酸奶沙拉酱　　018页

特色

虾仁富含蛋白质，而脂肪的含量却很低。西柚的加入让这道沙拉的口感变得更加富有层次，配上蛋白质含量丰富的鸡蛋，饱腹又不长肉。

主料

新鲜大虾150克/西柚1个（约380克）/芝麻叶30克/叶生菜50克/鸡蛋2个（约100克）

辅料

自制海鲜沙拉酱30克

参考热量表

大虾150克	140千卡
西柚380克	125千卡
芝麻叶30克	7千卡
叶生菜50克	8千卡
鸡蛋100克	152千卡
海鲜沙拉酱30克	42千卡
合计	474千卡

混搭风格，造就美味

西柚虾仁沙拉

时间 20分钟　难度 简单

做法

① 新鲜大虾去壳、去掉头部，开背，剔除虾线，用清水冲洗干净。

② 将处理好的大虾放入沸水中焯熟，捞出过凉水，沥干备用。

③ 西柚对半切开，用横刀将果肉与果皮分离，取出果肉，切成小块备用。

④ 鸡蛋放入水中煮熟，去壳，切成1.5厘米见方的块状备用。

⑤ 芝麻叶、叶生菜洗净，去掉老叶和根部，撕成适口的小块备用。

⑥ 将上面处理好的全部食材装入碗中，淋上海鲜沙拉酱即可食用。

烹饪秘籍

鸡蛋和虾仁要凉透后再与西柚和蔬菜进行混合，这样可以保证果蔬的口感以及新鲜程度。

海鲜沙拉酱　019页

海鲜沙拉酱　019页

口感层次丰富

虾仁藜麦腰果沙拉

时间 30分钟　难度 简单

特色

藜麦原产于南美洲，其所含的营养成分可以调节人体的酸碱平衡，有保护心血管的作用。再加上蛋白质含量丰富的虾仁和脆脆的腰果，搭配香辛酸甜的法式芥末沙拉酱，能让你大快朵颐!

做法

主料

藜麦50克／速冻虾仁100克／西蓝花50克／胡萝卜50克／速冻玉米粒50克／腰果30克

辅料

盐少许／橄榄油少许／法式芥末沙拉酱30克

参考热量表

藜麦50克	184千卡
速冻虾仁100克	48千卡
西蓝花50克	18千卡
胡萝卜50克	16千卡
速冻玉米粒50克	59千卡
腰果30克	178千卡
法式芥末沙拉酱30克	52千卡
合计	555千卡

❶ 小锅中加入500毫升水、几滴橄榄油和少许盐，煮沸；藜麦洗净，放入沸水中，小火煮15分钟。

❷ 将煮好的藜麦捞出，沥干水分，放入沙拉碗中备用。

❸ 西蓝花洗净，去梗，切分成适口的小朵。

❹ 胡萝卜洗净，去掉表皮和根部，切成薄片后用蔬菜模具切出花朵状。

❺ 速冻玉米粒用冷水冲去浮冰，沥干水分。

❻ 将西蓝花、速冻玉米粒和胡萝卜片一起放入煮沸的淡盐水中，煮至水再次沸腾后关火，捞出沥干，晾凉。

❼ 将速冻虾仁用冷水冲去浮冰，放入煮沸的水中，煮至虾仁完全变色成熟后捞出，沥干水分，晾凉。

❽ 将以上处理好的食材一起放入装有藜麦的沙拉碗中，倒入法式芥末沙拉酱，搅拌均匀，撒上腰果即可。

烹饪秘籍

这道沙拉的食材处理尽量以汆烫为主，汆烫程度要把握好，不能过长，否则会影响口感。

🍲 法式芥末沙拉酱　021 页

尽享甜蜜的气息
南瓜虾仁沙拉
 时间 20分钟 · 难度 简单

特色

腰果富含不饱和脂肪酸，是减脂期间重要的营养来源。香甜鲜美的嫩南瓜，与口感同样鲜嫩的虾仁，搭配色彩丰富的蔬菜与腰果，仿佛把整个春天都装进了肚子里。

主料

嫩南瓜 200 克 / 新鲜大虾 150 克 / 芹菜 100 克 / 紫甘蓝 50 克 / 腰果仁 20 克

辅料

蛋黄沙拉酱 30 克 / 盐少许

参考热量表

嫩南瓜 200 克	46 千卡
大虾 150 克	140 千卡
芹菜 100 克	16 千卡
紫甘蓝 50 克	12 千卡
腰果仁 20 克	112 千卡
蛋黄沙拉酱 30 克	52 千卡
合计	378 千卡

做法

❶ 新鲜大虾去掉头部、去壳，挑去虾线，洗净，放入沸水中余烫 1 分钟后捞出，沥干水分备用。

❷ 南瓜洗净，去蒂，切成小块，再切成薄片。

❸ 南瓜片放入煮沸的淡盐水中，余烫至水再次沸腾，捞出沥水。

❹ 芹菜去掉叶、根部，斜切成 0.5 厘米的薄片，放入煮南瓜的水中余烫 1 分钟后捞出，沥干备用。

❺ 紫甘蓝洗净，切成细丝。

❻ 将以上处理好的食材放入沙拉碗中，淋上蛋黄沙拉酱，搅拌均匀。

❼ 撒入腰果仁即可食用。

烹饪秘籍

南瓜余烫的时间不宜过长，熟后即可捞出。新鲜大虾也可以用超市出售的速冻虾仁来代替。

 蛋黄沙拉酱　　017 页

减脂健身全优搭配
豌豆虾仁鱿鱼沙拉

⏱ 时间 25分钟　　🥄 难度 简单

特色

鲜嫩的大虾配上口感弹牙的鱿鱼，搭配清新的豌豆，营养全面，热量合理。大虾含有丰富的维生素和微量元素，可以增强人体免疫力，补肾抗衰老。

做法

❶ 新鲜豌豆洗净，放入沸水中汆烫熟，捞出沥干水分，待用。

❷ 新鲜大虾去掉头部、壳，开背剔除虾线，放入沸水中煮熟，捞出沥干待用。

❸ 鱿鱼洗净，改刀切小块。

❹ 在小碗中倒入料酒和盐，加入切好的鱿鱼块，腌制10分钟。

❺ 锅中加水，煮沸后倒入腌好的鱿鱼块汆烫，看到鱿鱼块打卷后即可捞出，过凉水，沥干水分待用。

❻ 红甜椒洗净，沥干水分，切成边长2厘米的方块，待用。

❼ 将以上处理好的全部食材放入沙拉碗中，淋上海鲜沙拉酱，充分搅拌均匀即可食用。

主料

鲜豌豆60克／鱿鱼70克／新鲜大虾100克／红甜椒30克

辅料

海鲜沙拉酱40克／料酒2茶匙／盐1/2茶匙

参考热量表

豌豆60克	67千卡
鱿鱼70克	52千卡
大虾100克	93千卡
红甜椒30克	8千卡
海鲜沙拉酱40克	56千卡
合计	276千卡

烹饪秘籍

鱿鱼的汆烫时间不可以过长，看到打卷后就捞出，过凉水的目的是为了让鱿鱼的口感更加弹牙。

 海鲜沙拉酱　019页

辣爽可口
曼谷风情海鲜沙拉
时间 25分钟　难度 简单

特色

五彩斑斓的蔬菜丁之间，各类海鲜若隐若现，像极了装满珍宝的藏宝箱，开启你健康美味的新生活！鱿鱼的热量和脂肪较低，但胆固醇含量比较高，"三高"人群要少吃。

做法

❶ 虾仁洗净，去壳，开背，去除虾线；鱿鱼须、扇贝分别洗净。

❷ 将虾仁和扇贝放入沸水中焯熟，捞出后过凉水，沥干水分待用。

❸ 再将鱿鱼须焯熟，焯1分钟即可，捞出过凉水，沥干水分待用。

❹ 将处理好的虾仁、扇贝和鱿鱼须一起放入碗中，淋上柠檬汁，充分拌匀。

❺ 将洋葱洗净，去除老皮和根部，沥干水分后切成小块。

❻ 将芹菜洗净后沥干，切成3厘米左右长的段。

❼ 红甜椒洗净后沥干水分，斜刀切片。

❽ 将洋葱、芹菜和红甜椒放入装有海鲜的沙拉碗中，淋上泰式酸辣酱和少许盐，拌匀即可食用。

主料

明虾肉100克 / 鱿鱼须50克 / 扇贝肉50克 / 芹菜50克 / 洋葱40克 / 红甜椒30克

辅料

自制泰式酸辣酱30克 / 盐少许 / 柠檬汁5毫升

参考热量表

虾肉100克	48千卡
鱿鱼须50克	42千卡
扇贝肉50克	30千卡
芹菜50克	8千卡
洋葱40克	16千卡
红甜椒30克	8千卡
泰式酸辣酱30克	89卡
合计	241千卡

── 烹饪秘籍 ──

焯鱿鱼须的时间不宜过长，看到鱿鱼须打卷后即可捞出，这样能保证鲜嫩弹牙的口感。

 泰式酸辣酱 　　　019页

肉食主义者的减脂福音

盐烤鳕鱼秋葵沙拉

 时间 40分钟　 难度 难

特色

北欧人将鳕鱼称为"餐桌上的营养师"，它的蛋白质含量要高于很多鱼类，而脂肪含量在鱼类中最低，和秋葵一起组成沙拉，不仅可口，而且热量低，是减脂人士的福音。

做法

❶ 烤箱预热 180℃；速冻鳕鱼段在室温下解冻，用清水冲洗净，用厨房纸巾吸干水分，用刀在鱼肉表面轻划几刀。

❷ 将鳕鱼段放入平盘中，两面抹少许盐和黑胡椒碎，倒入柠檬汁，腌制 20 分钟。

❸ 将秋葵洗净，去蒂，斜切成段，平铺在烤盘内，撒上少许盐，涂抹均匀，进烤箱烤制 10 分钟。

❹ 将苦苣和叶生菜洗净，去除老叶和根部，撕成适口的块状备用。

❺ 圣女果洗净，对半切开，备用。

❻ 平底锅烧热，加入橄榄油抹匀锅底，放入鳕鱼，用中小火煎 1 分钟后翻面，继续煎 1 分钟，盛出切成小块。

❼ 将秋葵、鳕鱼块、苦苣和叶生菜一起放入碗中。

❽ 淋上海鲜沙拉酱，搅拌均匀，最后以圣女果点缀装饰即可食用。

主料

速冻鳕鱼段 200 克／秋葵 100 克／苦苣 50 克／叶生菜 50 克／圣女果 3 颗（约 50 克）

辅料

海鲜沙拉酱 40 克／柠檬汁 5 毫升／盐少许／橄榄油少许／黑胡椒碎少许

参考热量表

鳕鱼段 200 克	176 千卡
秋葵 100 克	45 千卡
苦苣 50 克	28 千卡
叶生菜 50 克	8 千卡
圣女果 50 克	12 千卡
海鲜沙拉酱 40 克	56 卡
合计	325 千卡

—— 烹饪秘籍 ——

腌制鳕鱼时先在鳕鱼表面划几刀，这样鱼肉会更加容易入味。

 海鲜沙拉酱　　019 页

什锦龙利鱼沙拉罐

 时间 30分钟　难度 简单

特色

梅森罐这两年比较流行，它不仅可以用来储备食材，用来装沙拉也是非常好的。一个罐子里面包含了丰富的食材，吃过的人才能懂这种幸福。龙利鱼肉质鲜嫩，营养很丰富，具有高蛋白和低脂肪的特点。

做法

❶ 速冻龙利鱼用清水冲去浮冰，切成边长 1 厘米见方的小块。

❷ 切好的龙利鱼放入碗中，加入盐、料酒、黑胡椒碎和姜片，腌制 10 分钟。

❸ 速冻玉米粒用清水冲去浮冰，新鲜豌豆粒洗净，一起放入沸水中焯烫 1 分钟捞出，沥干水分备用。

❹ 胡萝卜洗净，去皮，用刨丝器刨成 3 厘米长的细丝，备用。

❺ 圆白菜洗净，去掉根部和老叶，切成与胡萝卜丝长度一样的细丝备用。

❻ 平底锅烧热，加入橄榄油，倒入腌制好的龙利鱼块进行翻炒，当看到鱼肉泛黄、微微发硬时，取出晾凉。

❼ 取一个大号的沙拉罐，先将油醋汁和柠檬汁倒入罐中。

❽ 依次加入胡萝卜丝、豌豆粒、玉米粒、龙利鱼块、圆白菜丝。盖上盖子，把瓶子来回翻转几次，让酱汁渗透到食材中即可。

主料

速冻龙利鱼 100 克 / 速冻玉米粒 30 克 / 新鲜豌豆粒 30 克 / 胡萝卜 40 克 / 圆白菜 40 克

辅料

油醋汁 30 毫升 / 姜片 2 片 / 料酒 1 汤匙 / 黑胡椒碎少许 / 柠檬汁 5 毫升 / 盐 2 克 / 橄榄油 1 茶匙

参考热量表

速冻龙利鱼 100 克	96 千卡
速冻玉米粒 30 克	35 千卡
豌豆粒 30 克	33 千卡
胡萝卜 40 克	13 千卡
圆白菜 40 克	10 千卡
油醋汁 30 毫升	50 千卡
合计	237 千卡

— 烹饪秘籍 —

放入沙拉的顺序一定要按照步骤中的方法，沙拉罐的底层要放比较硬和难入味的食材。

 油醋汁 018 页

合理搭配，减脂增肌不受罪

金枪鱼吐司碗沙拉

⏱ 时间 20分钟　💗 难度 简单

特色

吐司搭配细腻的蒜蓉，经过烘烤，散发出迷人的香气，配上低热量又鲜美的金枪鱼泥，加上爽脆的胡萝卜丝和青红甜椒，是一道让人非常满足的沙拉。金枪鱼是深海鱼类，富含优质蛋白质，是美容、减肥的健康食品。

做法

主料

吐司2片（约120克）／水浸金枪鱼罐头100克／青椒50克／红甜椒50克／胡萝卜50克

辅料

大蒜3瓣／黄油10克／蛋黄沙拉酱20克／盐少许

参考热量表

吐司 120 克	334 千卡
金枪鱼罐头 100 克	106 千卡
青椒 50 克	14 千卡
红甜椒 50 克	13 千卡
胡萝卜 50 克	16 千卡
黄油 10 克	89 千卡
蛋黄沙拉酱 20 克	35 千卡
合计	607 千卡

❶ 大蒜洗净后用刀拍松，去皮，压成蒜泥，加少许盐调匀。

❷ 黄油用微波炉热化，与蒜泥拌匀；烤箱预热180℃。

❸ 将吐司片的四边切掉，在四边的中心点切口，切到距离中心一半的地方即可，注意不要切穿。

❹ 将切好的面包片放入耐高热玻璃碗中，呈花瓣式摆放。将黄油蒜泥抹刷在吐司碗中，烤箱上层烤5分钟关火，用余温闷烤。

❺ 金枪鱼罐头取出鱼肉，将鱼肉压碎，加入蛋黄沙拉酱搅拌均匀。

❻ 青椒、红甜椒洗净后沥干水分，切成细丝；胡萝卜洗净，切成细丝。

❼ 将青椒丝、红甜椒丝与胡萝卜丝一起放入金枪鱼沙拉泥中，搅拌均匀。

❽ 将吐司杯从烤箱中取出，把搅拌好的沙拉放在已经烤好的吐司杯中，即可食用。

烹饪秘籍

在处理吐司片时，切去四边后可以再用擀面杖将吐司擀得薄一点，这样的吐司会更加容易做造型。

 蛋黄沙拉酱　　　017 页

全家人都爱吃

金枪鱼土豆泥沙拉

🕐 时间　20分钟　　💗 难度　简单

特色

金枪鱼作为深海鱼类，具有高蛋白、低脂肪的特点。土豆的脂肪含量极低，而膳食纤维含量较高。二者结合，既能使嘴巴得到满足，又能减少热量的摄入。

做法

❶ 土豆洗净、去皮，切成1厘米左右见方的小块。

❷ 将土豆块放入煮沸的淡盐水中煮熟，捞出，沥干水分，压成泥状，待用。

❸ 金枪鱼沥去多余汁水，用勺子捣碎。

❹ 球生菜洗净，去除根部和老叶，撕成适口的小块儿。

❺ 洋葱去皮，切除根部，用刀切成粒。

❻ 牛油果对半切开，去除果核，用勺子挖出果肉，切成与土豆同等大小的块状，撒少许盐和黑胡椒碎拌匀。

❼ 将洋葱粒、金枪鱼和土豆泥混合，与牛油果块和生菜一同放入碗中，加入蛋黄沙拉酱，翻拌均匀即可食用。

主料

土豆150克 / 水浸金枪鱼80克 / 洋葱20克 / 球生菜40克 / 牛油果80克

辅料

蛋黄沙拉酱20克 / 黑胡椒碎适量 / 盐少许

参考热量表

土豆150克	116千卡
金枪鱼80克	85千卡
洋葱20克	8千卡
球生菜40克	5千卡
牛油果80克	129千卡
蛋黄沙拉酱20克	35千卡
合计	378千卡

烹饪秘籍

判断土豆块是否完全成熟，只需要捞出一块看一下内部是否有白心，没有白心、全部变成半透明状了就是熟透了。

 蛋黄沙拉酱　　017页

造型可爱，颜值超高

番茄三文鱼盅沙拉

⏱ 时间 20分钟　　💛 难度 中等

特色

番茄饱腹低热量，是天然的抗氧化剂，搭配同样低卡的三文鱼，这是一道造型让人惊喜、吃到嘴里又非常满足的沙拉。

主料

番茄2个（约330克）/ 新鲜三文鱼100克 / 洋葱20克 / 薄荷叶2片

辅料

橄榄油1茶匙 / 黑胡椒碎3克 / 法式芥末沙拉酱20克 / 柠檬汁5毫升

参考热量表

番茄330克	66千卡
三文鱼100克	139千卡
洋葱20克	8千卡
芥末沙拉酱20克	35千卡
合计	248千卡

做法

❶ 番茄洗净，切去顶端1/4，用勺子挖出番茄果肉，切成小丁，番茄盅待用。

❷ 新鲜三文鱼切成1厘米见方的小块，淋入柠檬汁待用。

❸ 洋葱洗净，沥干水分后切成洋葱末待用。

❹ 取一个小碗，加入橄榄油、黑胡椒碎、法式芥末沙拉酱，搅拌均匀。

❺ 将三文鱼丁、番茄丁和洋葱丁一同装入碗中，淋上搅拌好的沙拉酱，继续拌匀。

❻ 将沙拉用小勺装入切好的番茄盅里，装饰薄荷叶，即可食用。

━ 烹饪秘籍 ━

尽量选用表皮光滑、外形圆润、个头稍微大一点的番茄，这样后面的食材才能全部装进盅里去。

法式芥末沙拉酱
021页

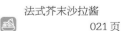

特色

三文鱼营养价值高，热量却极低，但是小小一碟吃不饱怎么办？不妨试一下这道加入了水果和蔬菜的沙拉，保证让你吃得超级满足！

主料

三文鱼 100 克／叶生菜 50 克／芒果1 个（约 150 克）／木瓜 70 克／速冻玉米粒 100 克

辅料

油醋汁 20 毫升／新鲜柠檬半个

参考热量表

三文鱼 100 克	139 千卡
叶生菜 50 克	8 千卡
芒果 150 克	52 千卡
木瓜 70 克	20 千卡
速冻玉米粒 100 克	118 千卡
油醋汁 20 毫升	33 千卡
合计	370 千卡

解馋过瘾的热带沙拉

木瓜芒果三文鱼沙拉

时间 15分钟　　难度 简单

做法

❶ 叶生菜择洗净，沥干水分，掰成适口的小块，铺在沙拉盘中。

❷ 三文鱼切成 1 厘米见方的小块，放在叶生菜上，再挤入柠檬汁。

❸ 芒果、木瓜去皮，切成和三文鱼大小相似的小块。

❹ 将速冻玉米粒冲去浮冰，放入沸水中余烫 1 分钟，捞出沥干水分备用。

❺ 将芒果、木瓜和速冻玉米粒放入沙拉碗中，淋入油醋汁，拌匀。

❻ 将搅拌好的沙拉倒入装有三文鱼和叶生菜的沙拉碗中，即可食用。

烹饪秘籍

1. 购买三文鱼时尽量购买三文鱼中段，这个部分的肉质是最鲜嫩的。
2. 在搅拌芒果和木瓜时不能过于用力，这样才能保证食材的完整。

油醋汁　　018 页

巧吃三文鱼，饱腹又减脂
香橙三文鱼吐司沙拉

⏱ 时间 | 20分钟　💪 难度 | 中等

特色

吐司经过烘烤，散发出诱人的香气，配上低热量又鲜美的三文鱼，加上酸甜的香橙和脆脆的紫甘蓝，是一款口感非常丰富的沙拉。紫甘蓝富含膳食纤维，有助于宽肠排毒，对减肥有辅助效果。

做法

❶ 烤箱180℃预热5分钟。

❷ 吐司切成1厘米见方的小块。

❸ 将吐司放入烤箱中烘烤5分钟，关闭电源。

❹ 三文鱼洗净，切成1厘米见方的小块。

❺ 甜橙对半切开，横刀取出果肉，切成与三文鱼块大小一样的块状。

❻ 紫甘蓝洗净，沥干水分，切成细丝待用。

❼ 将烤好的吐司块取出，与处理好的三文鱼块、甜橙块和紫甘蓝丝一起放入碗中。

❽ 淋上蛋黄沙拉酱和柠檬汁，搅拌均匀即可食用。

主料

吐司2片（约120克）／三文鱼80克／甜橙1个（约200克）／紫甘蓝100克

辅料

蛋黄沙拉酱20克／柠檬汁5毫升

参考热量表

吐司120克	334千卡
三文鱼80克	111千卡
甜橙200克	95千卡
紫甘蓝100克	25千卡
蛋黄沙拉酱20克	35千卡
合计	600千卡

烹饪秘籍

柠檬汁的加入可以让三文鱼的味道变得更加鲜美，还能有效去腥。

 蛋黄沙拉酱　　017页

健身达人的最爱

三文鱼牛油果藜麦沙拉

时间 25分钟　　难度 简单

特色

藜麦、三文鱼和牛油果，堪称健身人群的三大最爱，价格虽高，但是营养价值也高，三者搭配出来的沙拉既养眼又美味。三文鱼富含不饱和脂肪酸，能够降低血脂和胆固醇，预防心血管疾病，并能健脑益智，预防老年痴呆和脑功能退化。

做法

❶ 锅中加入500毫升水，加几滴橄榄油和少许盐煮沸；藜麦洗净、沥干，放入沸水中，小火煮15分钟。

❷ 将煮好的藜麦捞出，沥干水分，放入沙拉碗中备用。

❸ 苦苣去除根部和老叶，洗净，沥干水分，撕成适口的小块儿。

❹ 牛油果对半切开，去除果核，用勺子挖出一半果肉，切成约1厘米见方的小丁。

❺ 在切好的牛油果丁上撒少许盐和现磨黑胡椒粉。

❻ 三文鱼切成和牛油果相同大小的丁，挤入柠檬汁拌匀。

❼ 将圣女果洗净，沥干水分，对半切开。

❽ 将煮好的藜麦与牛油果丁、三文鱼丁、苦苣拌匀，淋入法式芥末沙拉酱，最后摆上切好的圣女果即可。

主料

藜麦50克／三文鱼100克／牛油果80克／苦苣50克／圣女果5颗（约90克）

辅料

法式芥末沙拉酱30克／现磨黑胡椒粉适量／盐少许／橄榄油少许／柠檬半个

参考热量表

藜麦50克	184千卡
三文鱼100克	139千卡
牛油果80克	129千卡
苦苣50克	28千卡
圣女果90克	19千卡
芥末沙拉酱30克	52千卡
合计	551千卡

—— 烹饪秘籍 ——

三文鱼肉质鲜嫩，应当选用锋利的刀具以来回划动的手法切分，这样能最大限度地保证三文鱼肉质的完整以及口感。

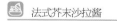 法式芥末沙拉酱　021页

极简法则成就美味
芦笋扇贝沙拉

🕐 时间 20分钟　　🤚 难度 简单

特色

芦笋和扇贝人人都不陌生，而搭配在一起烹饪，则带来截然不同的味觉体验。

主料

芦笋 100 克 / 扇贝肉 80 克 / 青椒 30 克 / 红甜椒 30 克 / 叶生菜 50 克

辅料

料酒 1 汤匙 / 黑胡椒碎适量 / 姜片 2 片 / 法式芥末沙拉酱 30 克

参考热量表

芦笋 100 克	22 千卡
扇贝肉 80 克	48 千卡
青椒 30 克	8 千卡
红甜椒 30 克	8 千卡
叶生菜 50 克	8 千卡
法式芥末沙拉酱 30 克	52 千卡
合计	146 千卡

做法

❶ 将扇贝肉洗净，加入料酒和黑胡椒碎，腌制 15 分钟。

❷ 将腌好的扇贝肉放进加有姜片的沸水中煮熟，捞出过凉水，沥干备用。

❸ 芦笋洗净，去除根部，放入沸水中焯熟。

❹ 将芦笋捞出过凉水，沥干水分，改刀斜切成 3 厘米的长段。青红椒洗净，切块。

❺ 叶生菜洗净，去除老叶和根部，撕成适口的块状备用。

❻ 将以上处理好的全部食材一起放入沙拉盘中，淋上法式芥末沙拉酱，即可食用。

┏━ 烹饪秘籍 ━┓

扇贝肉提前进行腌制，可以去除腥气，不影响沙拉的风味。

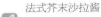
法式芥末沙拉酱
021 页

提升代谢
利水消肿的高纤沙拉

满嘴香浓软糯

南瓜泥红豆薏米沙拉

 时间　1晚＋50分钟　　难度　中等

特色

如果你爱吃甜品又怕发胖，那一定要试试这道沙拉，只要食材搭配合理，沙拉既能吃出甜品的感觉更不会发胖！红豆和薏米搭配，能帮助身体利水消肿，有提升代谢的作用。

做法

❶ 红豆、薏米和腰豆用清水洗净，然后用清水浸泡过夜。

❷ 锅中加三倍于豆子体积的清水，放入红豆、薏米和腰豆，大火煮沸后转小火煮30分钟。

❸ 煮豆子的同时处理南瓜，将南瓜去皮，放入蒸锅中大火蒸10分钟至熟透。

❹ 将蒸好的南瓜取出，放入碗中，用勺背碾压成泥，备用。

❺ 将煮好的豆子捞出，放入平底锅中，小火翻炒，当看到豆子软烂、水几乎收干时，关火，盛出。

❻ 接着做宝塔造型，取1/2南瓜泥放入盘中，再铺上1/2的豆泥，再将剩余南瓜泥和豆泥按这个顺序铺好。

❼ 淋入酸奶沙拉酱，撒上坚果碎，即可食用。

主料

南瓜100克 / 红豆30克 / 薏米20克 / 腰豆（干）10克 / 坚果碎20克

辅料

酸奶沙拉酱30克

参考热量表

南瓜100克	23千卡
红豆30克	97千卡
薏米20克	72千卡
腰豆10克（干）	33千卡
坚果碎20克	99千卡
酸奶沙拉酱30克	25千卡
合计	349千卡

烹饪秘籍

最好选择水分少的糯南瓜，这样做出来的沙拉更容易成形。

 酸奶沙拉酱　　018页

酸甜可口
凉拌莴笋丝核桃沙拉

🕐 时间　20分钟　　✋ 难度　简单

特色

爽口的莴笋丝配上核桃仁，可以减轻油腻的口感。核桃仁经过烘烤后会析出一些油脂，搭配油醋汁，口感更丰富！莴笋富含膳食纤维，热量低、水分含量大，经常食用，有很好的轻身作用。

主料

莴笋 150 克 / 红甜椒 50 克 / 核桃仁 50 克

辅料

冰水 500 毫升 / 油醋汁 30 毫升 / 盐 3 克 / 熟黑芝麻少许

参考热量表

莴笋 150 克	22 千卡
红甜椒 50 克	13 千卡
核桃仁 50 克	305 千卡
油醋汁 30 毫升	50 千卡
合计	390 千卡

做法

❶ 烤箱预热180℃，将核桃仁放在烤盘上，进烤箱烤制10分钟，取出晾凉备用。

❷ 莴笋去掉叶子、老皮和根部，清水洗净，切成3厘米左右长的细丝，备用。

❸ 将莴笋丝放入沸水中余烫1分钟，立即捞出，放入冰水中浸泡，降温后捞出。

❹ 红甜椒洗净，沥干水分，切成3厘米左右长的细丝，备用。

❺ 将莴笋丝、红甜椒丝和核桃仁一起放入碗中，加入油醋汁和盐，搅拌均匀。

❻ 最后撒入熟黑芝麻，即可食用。

烹饪秘籍

核桃仁经过烘烤后会析出一些油脂，可以放在吸油纸上吸油后再食用，能减少热量的摄入。

🍲 油醋汁　　018 页

特色

菠菜和木耳都是加快肠胃蠕动的食材，搭配圣女果，一道简单易做的中式沙拉就能端上餐桌了。

超低热量 爽口无敌

菠菜圣女果沙拉

⏱ 时间 15分钟　⚙ 难度 简单

主料

菠菜 150 克 / 泡发木耳 50 克 / 圣女果 50 克 / 核桃仁 30 克

辅料

油醋汁 40 毫升 / 盐 1/2 茶匙 / 蒜泥 10 克

参考热量表

菠菜 150 克	42 千卡
泡发木耳 50 克	14 千卡
圣女果 50 克	11 千卡
核桃仁 30 克	183 千卡
油醋汁 40 毫升	67 千卡
合计	317 千卡

做法

❶ 菠菜去掉根部和老叶，洗净，沥干水分，备用。

❷ 锅中烧开水，放入菠菜余烫，30秒后立即捞出，过冷水，挤干水分。

❸ 将菠菜切成3厘米左右的长段。

烹饪秘籍

这道沙拉最好是使用蒜泥，这样蒜香的味道会更加足。

❹ 将泡发木耳洗净，撕成适口的小块，放入余烫菠菜的开水中，沸水煮熟，捞出，沥干。

❺ 圣女果洗净，沥干水分，对半切开，备用。

❻ 将以上处理好的全部食材放入碗中，依次加入盐、蒜泥、油醋汁，加入核桃仁拌匀即可。

 油醋汁　018 页

小小一盘，元气满满
菠菜虾仁意面沙拉

时间 40分钟　难度 难

特色

用菠菜为原料制成的酱汁，颜色和口味都很特别，搭配鲜香的虾仁，再佐以弹牙的意大利面，创意沙拉的高手当起来很容易！

做法

主料

菠菜 100 克 / 新鲜大虾 150 克 / 直身意面 30 克 / 新鲜豌豆粒 50 克

辅料

橄榄油 2 茶匙 / 料酒 1 茶匙 / 白胡椒粉 1/2 茶匙 / 牛奶 40 毫升 / 蒜末 5 克 / 盐少许

参考热量表

菠菜 100 克	28 千卡
新鲜大虾 150 克	140 千卡
意面 30 克	101 千卡
豌豆粒 50 克	56 千卡
橄榄油 10 毫升	90 千卡
牛奶 40 毫升	22 千卡
合计	437 千卡

❶ 新鲜大虾洗净，去壳，去掉头尾，开背，去虾线。

❷ 虾仁放入碗中，加入料酒和白胡椒粉腌制 5 分钟。

❸ 新鲜豌豆粒洗净，放入沸水中余烫 1 分钟后捞出，沥干水分，放入碗中备用。

❹ 将意面放入加有少许盐和少许橄榄油的沸水中，煮 10～15 分钟，捞出，放入凉开水中浸凉捞出，放入碗中备用。

❺ 菠菜洗净，去掉老叶和根部，切成小段，放入沸水中余烫 1 分钟后捞出。

❻ 将烫好的菠菜放入料理机中，加入牛奶和 1 茶匙橄榄油，打碎成奶油菠菜汁。

烹饪秘籍

奶油菠菜汁中也可以加入淡奶油，如果没有淡奶油，用橄榄油和牛奶代替也可以。

❼ 热锅，加入少许橄榄油，倒入蒜末和腌渍好的虾仁，煸炒至虾仁变色。

❽ 倒入奶油菠菜汁，中小火煮至黏稠，最后倒入意面和豌豆粒，拌匀，使每条意面都裹上奶油菠菜汁，出锅装盘即可。

全素沙拉，超级快手

日式菠菜沙拉

⏱ 时间 15分钟 　💗 难度 简单

特色

谁说素食不好吃？只要调味够香浓，
全素的沙拉也一样能吃得很满足。

主料

菠菜 200 克

辅料

日式和风芝麻沙拉酱 30 克 / 盐少
许 / 橄榄油少许

参考热量表

菠菜 200 克	56 千卡
和风芝麻沙拉酱 30 克	95 千卡
合计	151 千卡

做法

❶ 菠菜洗净，去掉根部
和老叶。

❷ 将菠菜放入加有橄榄
油和盐的沸水中汆烫，30
秒后立即捞出。

烹饪秘籍

菠菜汆烫一下可以去除里面
的草酸，加入橄榄油和盐能
保持菠菜色泽鲜亮。

❸ 将汆烫好的菠菜放入
凉白开中降温，捞出，挤
干水分，切成小段。

❹ 将切好的菠菜码入一个
干净的玻璃杯中，压紧定
形，并把多余的水倒出。

❺ 将菠菜倒扣在盘中，
淋上日式和风芝麻沙拉
酱，即可食用。

日式和风芝麻沙拉酱
022 页

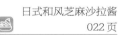

特色

奇妙如鹰嘴般的小小豆子，却蕴含了丰富的营养，点缀具有香气的菠菜，就是一份解馋又养眼的暖胃沙拉。

主料

鹰嘴豆 50 克 / 菠菜 150 克

辅料

红甜椒 50 克 / 日式和风芝麻沙拉酱 30 克 / 盐 1/2 茶匙 / 蒜末 10 克 / 橄榄油 1 茶匙

参考热量表

鹰嘴豆 50 克	158 千卡
菠菜 150 克	42 千卡
红甜椒 50 克	13 千卡
芝麻沙拉酱 30 克	95 千卡
合计	308 千卡

沙拉也可以变温暖

鹰嘴豆菠菜沙拉

时间 1 晚 20 分钟　难度 中等

做法

❶ 鹰嘴豆用清水冲洗干净，然后用清水浸泡过夜。

❷ 鹰嘴豆放入锅中，加水煮开，转中火煮 15 分钟，捞出备用。

❸ 菠菜洗净，去根，放入沸水中余烫 30 秒后捞出。

烹饪秘籍

除了干鹰嘴豆，也可以直接用即食的鹰嘴豆罐头来制作这道沙拉。

❹ 菠菜沥干水分，切成长 1 厘米左右的小段；红甜椒洗净，沥干切末。

❺ 起锅，加入橄榄油烧热，倒入蒜末和红甜椒末煸香。

❻ 倒入鹰嘴豆和盐、菠菜段翻炒 30 秒，出锅，装盘后淋上沙拉酱汁，即可食用。

日式和风芝麻沙拉酱
022 页

搭配出意外的惊喜
冬瓜虾仁沙拉

⏱ 时间 15分钟　🖐 难度 中等

特色

冬瓜含有丰富的膳食纤维和水分，有降火利尿的功效。清淡的冬瓜和虾仁，搭配法式芥末沙拉酱，让寡淡的食材也变得不平凡。

做法

主料

冬瓜100克 / 新鲜大虾150克 / 油条50克

辅料

法式芥末沙拉酱20克 / 盐1茶匙 / 料酒2茶匙 / 白胡椒粉1/2茶匙 / 花生油200克（实用7克）

参考热量表

冬瓜100克	12千卡
大虾150克	140千卡
油条50克	194千卡
芥末沙拉酱20克	35千卡
花生油7克	63千卡
合计	444千卡

❶ 新鲜大虾洗净，去壳，去掉头尾，开背去虾线。

❷ 将处理好的大虾放入碗中，加入料酒和白胡椒粉腌制5分钟。

❸ 冬瓜去皮，洗净，切成边长2厘米左右的方块，备用。

❹ 油条切块，备用。

❺ 花生油烧至七成热，下入油条炸2分钟后捞出，放在吸油纸上吸去多余油分。

❻ 另起一锅，烧热油，放入腌渍好的虾仁进行煸炒，看到虾仁完全变色后关火，取出。

❼ 将冬瓜块放入沸水中余烫，水再次沸腾后捞出，沥干水分，备用。

❽ 将以上处理好的全部食材一起放入碗中，淋上法式芥末沙拉酱和盐，搅拌均匀即可。

— 烹饪秘籍 —

这道沙拉做好后应该尽快食用，这样才能品尝到油条爽脆的口感。

法式芥末沙拉酱　　021页

酸香开胃低热量
茄汁冬瓜鸡肉沙拉
🕐 时间 30分钟　🍳 难度 中等

特色

鸡肉肉质鲜嫩，烹饪起来极为方便，用番茄沙拉酱来制作特别开胃。搭配清淡的冬瓜和豌豆，没胃口时试试这道沙拉吧!

做法

主料

冬瓜 100 克 / 鸡胸肉 100 克 / 黄甜椒 50 克 / 红甜椒 50 克 / 新鲜豌豆粒 50 克

辅料

番茄沙拉酱 30 克 / 盐 1/2 茶匙 / 料酒 1 茶匙 / 橄榄油 2 茶匙

参考热量表

冬瓜 100 克	12 千卡
鸡胸肉 100 克	133 千卡
黄甜椒 50 克	13 千卡
红甜椒 50 克	13 千卡
豌豆粒 50 克	56 千卡
番茄沙拉酱 30 克	50 千卡
橄榄油 2 茶匙	90 千卡
合计	367 千卡

❶ 将鸡胸肉整块洗净，沥干水分，切成小块，加入盐和料酒，腌渍 10 分钟。烤箱预热到 210℃。

❷ 用锡纸将烤盘包好，淋上橄榄油，放鸡胸肉，用油刷翻一下，使整个肉都沾满橄榄油，入烤箱中层，以 210℃烤 15 分钟。

❸ 冬瓜去皮，洗净，沥干水分，切成边长 2 厘米左右的方块，备用。

❹ 新鲜豌豆粒洗净，放入沸水中氽烫 1 分钟后捞出，沥干水分，备用。

❺ 黄甜椒和红甜椒洗净，沥干水分，切成小块，备用。

❻ 将烤好的鸡胸肉取出，冷却，用刀切成适口的小块。

❼ 将以上处理好的全部食材装入盘中，淋入番茄沙拉酱，即可食用。

—— 烹饪秘籍 ——

鸡胸肉事先切成小块可以缩短烘烤的时间。

 番茄沙拉酱　　　020 页

食材虽简朴，营养不简单

海带丝绿豆薏米沙拉

时间 4 小时 + 60 分钟　难度 简单

126

特色

这些食材也能做沙拉？是的！只有你想不到，没有做不到，这就是沙拉的奇妙之处。炎炎夏季，来一碗冰冰凉凉的海带绿豆沙拉，给自己的心情降降温吧。绿豆有利尿的功效，可以降低血脂和胆固醇，夏天食用还可以降火。

做法

主料

绿豆 50 克 / 薏米 50 克 / 干海带 15 克

辅料

蜂蜜 10 克 / 白糖 1 茶匙 / 生姜 20 克

参考热量表

绿豆 50 克	165 千卡
薏米 50 克	180 千卡
干海带 15 克	14 千卡
白糖 5 克	20 千卡
蜂蜜 10 克	32 千卡
合计	411 千卡

❶ 绿豆和薏米用清水冲洗干净，放入水中浸泡 4 小时。

❷ 将干海带用水冲去表面的盐分，放入清水中泡发。

❸ 将生姜拍扁。

❹ 锅中加入 4 倍于豆子体积的清水，放入绿豆和薏米，加入生姜，大火煮沸后转小火煮 50 分钟。

烹饪秘籍

绿豆和薏米提前浸泡可以缩短煮制的时间，也可以煮得更软。

❺ 将泡发好的海带洗净，切成 4 厘米左右长的粗丝。

❻ 将白糖放入煮绿豆的锅中，转大火。

❼ 将海带丝倒入锅中，继续煮 10 分钟，关火。

❽ 将煮好的海带丝绿豆薏米盛到碗中，淋入蜂蜜，即可食用。

中式沙拉新吃法
酸辣海带豆腐沙拉
⏱ 时间 15分钟　🍳 难度 简单

特色

海带是一种热量低、膳食纤维丰富的藻类，有降低胆固醇和降血压的功效，搭配软嫩的豆腐和酸辣开胃的沙拉汁，在炎炎夏日里带给你轻盈凉爽的感受。

做法

❶ 干豆腐皮洗净，放入开水中余烫1分钟，捞出，切成细丝备用。

❷ 洋葱去皮、去根，切粗丝，备用。

❸ 红甜椒洗净，沥干水分，切丝备用。

❹ 青椒洗净，沥干水分，切丝备用。

❺ 将海带丝冲洗干净，放入沸水中余烫2分钟，捞出，切成3厘米左右长的细丝。

❻ 小米椒洗净，去蒂，切成末，备用。

❼ 将以上处理好的食材放入碗中，加入生抽，淋入油醋汁，搅拌均匀。

❽ 最后点缀香菜叶即可食用。

主料

泡发海带丝100克 / 洋葱50克 / 红甜椒50克 / 青椒50克 / 干豆腐皮50克

辅料

小米椒2个 / 油醋汁40毫升 / 生抽1茶匙 / 香菜叶几片

参考热量表

泡发海带丝100克	13千卡
洋葱50克	20千卡
青椒50克	14千卡
红甜椒50克	13千卡
干豆腐皮50克	131千卡
油醋汁40毫升	67千卡
合计	258千卡

── 烹饪秘籍 ──

干豆腐皮经过开水余烫后，不仅口感会变得软一些，而且也能很好地去除豆腥气。

 油醋汁　　　　018页

像吃大餐一样吃沙拉

盐煎鸭胸肉粉丝沙拉

⏱ 时间 40分钟　🍳 难度 中等

特色

魔芋是非常饱腹热量又低的食物之一，富含膳食纤维，可延缓消化道对葡萄糖和脂肪的吸收，从而有效降脂降糖。脆脆的荷兰豆搭配香喷喷的鸭胸肉，看似随意的搭配，却呈现出与众不同的和谐创意。

做法

主料

带皮鸭胸肉 100 克 / 魔芋丝结 100 克 / 荷兰豆 100 克

辅料

法式芥末沙拉酱 30 克 / 黑胡椒碎 1/2 茶匙 / 海盐 1 茶匙

参考热量表

鸭胸肉 100 克	90 千卡
魔芋丝结 100 克	12 千卡
荷兰豆 100 克	30 千卡
芥末沙拉酱 30 克	52 千卡
橄榄油 10 克	90 千卡
合计	274 千卡

① 烤箱预热 200℃。鸭胸肉洗净，沥干水分，两面撒上海盐和黑胡椒碎。

② 将鸭胸肉置于平底锅中，先煎带皮的一面，开大火，看到鸭皮开始出油后煎 3 分钟。

③ 再将鸭胸肉翻面，继续煎 1 分钟，关火。

④ 将煎好的鸭胸肉放在铺有锡纸的烤盘中，进烤箱烤制 8 分钟。

⑤ 将烤好的鸭胸肉取出晾凉，切成片，备用。

⑥ 荷兰豆去掉筋，冲洗干净，放入沸水中余烫 1 分钟后捞出，沥干水分，备用。

⑦ 魔芋丝结放入沸水中余烫，水再次沸腾后捞出，沥干水分，备用。

⑧ 将以上处理好的食材装盘，淋上法式芥末沙拉酱，即可食用。

烹饪秘籍

最开始煎鸭胸肉时一定要鸭皮朝下，入锅后再开火升温，能让更多鸭油被逼出来，鸭皮会更脆。

法式芥末沙拉酱　　021 页

尽享法式浪漫

法式香煎鸭胸蔬菜沙拉

时间 40分钟　难度 难

特色

鸭胸肉脂肪含量低，营养不长胖，非常适合制作沙拉。鸡蛋含有的蛋白质很容易被人体吸收，同蔬菜搭配在一起做成沙拉，让你有像是吃大餐的感觉。

做法

主料

带皮鸭胸肉100克／鸡蛋1个（约50克）／圣女果30克／苦苣30克／叶生菜30克

辅料

法式芥末沙拉酱30克／生抽2茶匙／白糖1茶匙／料酒1茶匙／黑胡椒碎1/2茶匙

参考热量表

鸭胸肉100克	90千卡
鸡蛋50克	76千卡
圣女果30克	7千卡
苦苣30克	17千卡
叶生菜30克	5千卡
芥末沙拉酱30克	52千卡
白糖5克	20千卡
合计	267千卡

❶ 鸭胸肉洗净，切十字花刀，只需切到皮下即可。将鸭胸肉放入碗中，加入生抽、白糖、黑胡椒碎和料酒抓匀，腌10分钟。

❷ 将腌好的鸭胸肉放入烧热的平底锅中，鸭皮朝下，先用大火煎2分钟，再调中小火煎4分钟。

❸ 当看到鸭皮出现焦黄色时翻面，再继续煎3分钟。

❹ 烤箱预热200℃，将煎好的鸭胸放在铺有锡纸的烤盘上，进烤箱中层烤制8分钟后取出。

❺ 烤好的鸭胸肉取出，晾凉，切片备用。

❻ 鸡蛋煮熟，捞出晾凉，去壳，切片备用。

❼ 圣女果洗净，沥干水分，对半切开；叶生菜和苦苣洗净，去掉根部和老叶，沥干，撕成适口的小块。

❽ 将以上处理好的食材摆入盘中，淋上法式芥末沙拉酱，即可食用。

烹饪秘籍

鸭肉先煎后烤，味道会更加香浓。

法式芥末沙拉酱　　021页

果香与肉香的完美结合

西柚鸭胸肉沙拉

时间 4 小时 + 50 分钟　　难度 中等

特色

西柚和鸭胸是绝配，肉香与果香完美结合，酸酸甜甜的味道非常好吃。芒果的加入更是增加了这道沙拉的口感和味道，还变得更有营养。

做法

主料

鸭胸肉 100 克／西柚 1 个（约 380 克）／叶生菜 50 克／芒果 50 克

辅料

泰式酸辣酱 30 克／白糖 1 茶匙／生抽 2 茶匙／料酒 1 茶匙／黑胡椒碎 1/2 茶匙

参考热量表

鸭胸肉 100 克	90 千卡
西柚 380 克	125 千卡
叶生菜 50 克	8 千卡
芒果 50 克	18 千卡
泰式酸辣酱 30 克	89 千卡
白糖 5 克	20 千卡
合计	350 千卡

❶ 鸭胸肉洗净，加入生抽、白糖、料酒和黑胡椒碎，搅拌均匀，用保鲜膜包裹好，提前放入冰箱腌制 4 小时。

❷ 烤箱预热 220℃，将腌渍好的鸭胸肉放入锡纸中包好，置烤盘上，进烤箱烤 15 分钟。

❸ 鸭胸肉烤好后取出，晾凉，切成片，备用。

❹ 西柚去皮，取出果肉，切成块，备用。

❺ 芒果去皮，去核，切成片，备用。

❻ 叶生菜洗净，去掉根部和老叶，沥干水分，手撕成小片，备用。

烹饪秘籍

烤制鸭胸肉时一定要包上锡纸再烤，这样肉的表面不会发干而使肉质发柴。

❼ 将生菜码入盘中，放上处理好的西柚和芒果，最后摆上切好的鸭胸肉。

❽ 淋上泰式酸辣酱，撒上黑胡椒碎，即可食用。

 泰式酸辣酱　　　　019 页

爽口开胃 鲜美多汁
莴笋西柚沙拉

⏱ **时间** 15分钟　💗 **难度** 简单

特色

西柚对于食欲不振和消化不良有一定的食疗功效。酸甜的西柚搭配爽脆的莴笋，让没有食欲的人也能大快朵颐。

主料

莴笋叶150克/西柚1个（约380克）/红甜椒10克

辅料

油醋汁30毫升/柠檬汁5毫升/蒜末5克/熟黑芝麻少许

参考热量表

莴笋叶150克	30千卡
西柚380克	125千卡
红甜椒10克	3千卡
油醋汁30毫升	50千卡
合计	208千卡

做法

❶ 莴笋叶去皮和根部，洗净，沥干水分，切成适口的小段，备用。

❷ 西柚去皮，去子，取出果肉，切成小块，备用。

❸ 红甜椒洗净，沥干水分，切成细丝，备用。

烹饪秘籍

这道沙拉中的莴笋也可以换成白菜。

❹ 将油醋汁、柠檬汁和蒜末一起放入小碗中，搅拌成沙拉汁。

❺ 将处理好的莴笋叶和西柚一起放入碗中，倒入沙拉汁，搅拌均匀。

❻ 点缀上红甜椒丝和熟黑芝麻即可食用。

 油醋汁　　　018页

特色

简单的食材，换个手法就能极富创意。朴素的豆腐搭配果仁，一口下去，脆脆的感觉会让你很满足。

主料

北豆腐 100 克／烤海苔 1 大张（约20 克）／腰果仁 30 克

辅料

生抽 2 茶匙／香油 1 茶匙／白糖 1/2茶匙／黑芝麻 1 茶匙

参考热量表

北豆腐 100 克	99 千卡
烤海苔 20 克	56 千卡
腰果仁 30 克	178 千卡
合计	333 千卡

随意拌出来的美味
海苔豆腐果仁沙拉卷

🕐 时间　15分钟　　🎯 难度　简单

做法

❶ 将北豆腐用清水冲洗净，用厨房纸巾吸干水分。

❷ 将北豆腐放入碗中，用压泥器将其捣碎。

烹饪秘籍

1. 可以根据自己的喜好，在豆腐中加入法式芥末沙拉酱或者蛋黄沙拉酱。

2. 豆腐进冰箱冷藏一下再拿出来捣碎，口感更好。

❸ 接着加入生抽、白糖、香油和黑芝麻，撒入腰果仁，搅拌均匀，备用。

❹ 将烤海苔平铺在寿司帘上，把豆腐泥整齐均匀地平铺在上面。

❺ 卷起寿司帘，用手轻轻握几下，使之定形，用刀切成厚度 2 厘米左右的段，即可食用。

沙拉界流行混搭风

白腰豆菠菜蘑菇沙拉

🕐 时间 1晚+30分钟 　🍳 难度 简单

特色

白白嫩嫩的口蘑和菠菜简直是天生一对，把它们做成沙拉，既能满足味蕾，又能大大减少热量的摄入。

主料

白腰豆（干）50 克／菠菜 100 克／口蘑 50 克／洋葱 20 克

辅料

蒜末 10 克／盐 1 茶匙／橄榄油 2 茶匙／黑胡椒碎 1/2 茶匙

参考热量表

白腰豆（干）50 克	165 千卡
菠菜 100 克	28 千卡
口蘑 50 克	22 千卡
洋葱 20 克	8 千卡
橄榄油 10 毫升	90 千卡
合计	313 千卡

做法

❶ 白腰豆用清水冲洗干净，然后用清水浸泡过夜。

❷ 锅中加入 3 倍于豆子体积的清水，放入腰豆，大火煮沸后转小火煮 20 分钟，捞出沥干备用。

❸ 口蘑洗净，沥干水分，切片，备用。

❹ 菠菜洗净，去掉根部和老叶，沥干水分，备用。

❺ 洋葱去皮，切去根部，洗净，切成末，备用。

❻ 炒锅烧热，加入橄榄油，放入洋葱末爆香，依次加入口蘑和白腰豆，翻炒片刻。

❼ 待口蘑片变软时，倒入菠菜，翻炒片刻关火，盛出装盘，加蒜末、盐和黑胡椒碎，搅拌均匀即可。

烹饪秘籍

这款沙拉在品尝时应该是温热的，适合在冬天里搭配各类主食，只需要用少许的盐和黑胡椒提味即可。

特色

燕麦片中含有膳食纤维，可令人长时间保持饱腹感，和同样低卡的腰豆搭配在一起，配以酸甜可口的甜橙，有助于减肥瘦身。

主料

即食燕麦片 30 克／腰豆 50 克／甜橙 1 个（约 150 克）／圣女果 30 克／苦苣 50 克

辅料

油醋汁 30 毫升／柠檬汁 5 毫升

参考热量表

即食麦片 30 克	108 千卡
腰豆 50 克	165 千卡
甜橙 150 克	71 千卡
圣女果 30 克	7 千卡
苦苣 50 克	28 千卡
油醋汁 30 毫升	50 千卡
合计	429 千卡

别样新吃法
香橙燕麦腰豆沙拉

⏱ 时间 1 晚／30 分钟　難度 ★

做法

❶ 腰豆用清水冲洗干净，用清水浸泡过夜。

❷ 锅中加入 3 倍于豆子体积的清水，放入腰豆，大火煮沸后转小火煮 20 分钟。

❸ 煮豆子的时候处理其他食材。甜橙去皮，取出果肉，切片备用。

❹ 圣女果洗净，对半切开；苦苣择洗净，撕成适口的小段。

❺ 将煮好的腰豆捞出，沥干水分，放入沙拉碗中。

❻ 向碗中加入圣女果、苦苣、甜橙，淋入油醋汁和柠檬汁，撒入即食燕麦片即可。

烹饪秘籍

因为这道沙拉是有汤汁的，所以要最后再加入燕麦，这样能保持其口感的爽脆。

 油醋汁　　018 页

色泽鲜艳，口感清爽

橙盅酸奶水果沙拉

时间 20分钟　难度 中等

特色

小姐妹们的聚会，总要有茶点相伴，试试这款用橙子皮作为器皿的沙拉，好吃又简单。其中的火龙果富含植物蛋白、花青素和膳食纤维，经常食用可以延缓衰老，改善便秘。

做法

主料

橙子2个（约300克）/ 草莓30克 / 火龙果30克 / 猕猴桃30克

辅料

酸奶沙拉酱30克 / 盐少许

参考热量表

橙子300克	142千卡
草莓30克	10千卡
火龙果30克	18千卡
猕猴桃30克	18千卡
酸奶沙拉酱30克	25千卡
合计	213千卡

❶ 用盐轻轻摩擦橙子的表面，接着用清水冲洗干净。

❷ 将橙子对半切开，用水果刀取出果肉，这一步要小心，不要破坏橙皮。

❸ 将橙子果肉切成小块，备用。

❹ 草莓洗净，去掉蒂部，切成小块，备用。

❺ 火龙果去皮，取果肉，切成小块，备用。

❻ 猕猴桃去皮，去果肉，切成小块，备用。

烹饪秘籍

在处理橙子的时候，一定要小心取出果肉，保留完整的橙子外皮，这样做出来的沙拉造型才会更加美观。

❼ 将以上处理好的水果一起放入碗中，淋上酸奶沙拉酱，搅拌均匀。

❽ 将水果沙拉用勺子放入橙子盅中，摆好造型，即可食用。

 酸奶沙拉酱　　　018 页

来自摩洛哥的风味
甜橙小萝卜沙拉

时间 15分钟　难度 简单

特色

樱桃萝卜既是蔬菜也是水果，生吃脆嫩爽口，能增加食欲，促进肠胃蠕动。但其口味稍显清淡，搭配酸甜的橙子却变得十分美妙，令你仿佛置身于果园之中，充满了维生素的气息。

主料

樱桃萝卜200克 / 甜橙1个（约150克）

辅料

油醋汁30毫升 / 黑胡椒碎少许 / 薄荷叶几片 / 柠檬汁5毫升

参考热量表

樱桃萝卜200克	42千卡
甜橙150克	71千卡
油醋汁30毫升	50千卡
合计	163千卡

做法

❶ 将樱桃萝卜洗净，去掉缨子和须，沥干水分，切成薄片，备用。

❷ 甜橙去皮，取出果肉，将橙子肉切成片状，备用。

❸ 将橙子肉和萝卜片放入大碗中，加入油醋汁，搅拌均匀。

❹ 点缀薄荷叶，撒上少许黑胡椒碎，淋上柠檬汁，即可食用。

烹饪秘籍

柠檬汁的加入可以让这道沙拉的酸甜口感变得更加有层次。

 油醋汁　　　018页

4
CHAPTER

饱腹感十足
却热量低的主食沙拉

中式风情的素食美味
彩椒藕丁沙拉

⏱ 时间 20分钟　🍳 难度 简单

144

特色

这道沙拉由于莲藕的出现，变得极具中国特色，在炎炎夏日，带给你不一样的感受。

主料

莲藕150克 / 青椒50克 / 红甜椒50克 / 黄甜椒50克

辅料

油醋汁30毫升 / 小米椒3个 / 白醋1茶匙

参考热量表

莲藕150克	110千卡
青椒50克	14千卡
红甜椒50克	13千卡
黄甜椒50克	13千卡
油醋汁30毫升	50千卡
合计	200千卡

做法

① 莲藕去皮，洗净，切成1厘米左右的小丁。

② 将切好的藕丁泡入加有白醋的清水中。

③ 锅中加入清水，煮沸。放入藕丁，煮至水再次沸腾后改小火煮1分钟，捞出沥干水分备用。

④ 青椒、红甜椒和黄甜椒用清水洗净，沥干水分，切成1厘米左右的小丁。

⑤ 小米椒洗净，去掉蒂部，切成碎末备用。

⑥ 将藕丁、彩椒丁和小米椒一起放入沙拉碗中。

⑦ 淋入油醋汁，翻拌均匀即可食用。

烹饪秘籍

浸泡藕丁的水中加入白醋可以防止藕丁被氧化而变色。

 油醋汁　　　　018页

吃多也不发胖的秘密

魔芋圣女果沙拉

 时间 30分钟　 难度 简单

146

特色

相较于米饭，魔芋的热量更低也更加健康，搭配同样低卡的墨西哥玉米片，在你减肥期间又想吃零食的时候，就由这道沙拉帮你完成心愿吧。

做法

❶ 将黑魔芋洗净，切成 1.5 厘米左右的小丁。

❷ 圣女果洗净，沥干水分，对半切开后再对半切开，每个果实分成四份。

❸ 水果黄瓜洗净，沥干水分，切成 1 厘米左右的小丁。

❹ 取一个沙拉碗，将切好的黑魔芋、圣女果和水果黄瓜一起放入碗中，倒入油醋汁翻拌均匀。

❺ 最后撒入墨西哥玉米片，即可食用。

主料

黑魔芋 200 克 / 圣女果 100 克 / 水果黄瓜 50 克 / 墨西哥玉米片 30 克

辅料

油醋汁 30 毫升

参考热量表

黑魔芋 200 克	20 千卡
圣女果 100 克	22 千卡
黄瓜 50 克	8 千卡
玉米片 30 克	120 千卡
油醋汁 30 毫升	50 千卡
合计	220 千卡

—— 烹饪秘籍 ——

1. 也可以选择其他种类的蔬菜进行代替，只要是口感比较硬的都可以。
2. 黑魔芋在超市卖豆制品的冷藏货柜就可以找到。

 油醋汁 　　　　018 页

尽享海洋的美味
魔芋凉拌虾仁沙拉

⏱ 时间 15分钟　💗 难度 简单

特色

黑魔芋是非常饱腹又低热量的神奇食物之一。西芹与虾仁同样也是热量极低的食材，放开了可劲儿吃，吃到撑也不会发胖！

做法

主料

黑魔芋 250 克 / 新鲜大虾 150 克 / 西芹 100 克

辅料

海鲜沙拉酱 30 克 / 盐 1 茶匙 / 橄榄油 10 毫升 / 姜片 2 片

参考热量表

黑魔芋 250 克	25 千卡
大虾 150 克	140 千卡
西芹 100 克	16 千卡
海鲜沙拉酱 30 克	42 千卡
橄榄油 10 毫升	90 千卡
合计	313 千卡

❶ 新鲜大虾去掉头尾，开背，去除虾线，冲洗干净。沥干水分。

❷ 西芹去掉叶子，切去根部，洗净，沥干水分后斜切成薄片。

❸ 起锅烧热水，水中加入姜片和 1/2 茶匙盐。

❹ 水开后先放入虾仁，余烫至虾仁变红捞出。

❺ 接着放入芹菜片，余烫至水再次沸腾后捞出。

❻ 将虾仁和芹菜一起放入沙拉碗中，加入 1/2 茶匙盐和橄榄油拌匀，稍微腌渍 2 分钟。

❼ 黑魔芋洗净，切成适口的条状。

❽ 将黑魔芋放入沙拉碗中，淋上海鲜沙拉酱，一起搅拌均匀即可食用。

── 烹饪秘籍 ──

水中加入姜片可以去除掉虾仁的腥味。

 海鲜沙拉酱　　　019 页

另类的新吃法

柠香魔芋沙拉

🕐 时间 20分钟　　🥄 难度 简单

特色

魔芋的味道本身并不独特，却因为柠檬汁的加入演绎出不同的风格。搭配紫甘蓝，一份并不单调的主食沙拉就尽现眼前。只要心思巧妙，新奇的美味就会层出不穷地冒出来。

做法

❶ 将紫甘蓝洗净，去掉老叶和根部，切成细丝备用。

❷ 柠檬洗净，切成厚度2毫米左右的薄片备用。

❸ 将黑橄榄对半切开，备用。

❹ 薄荷叶洗净，沥干水分后切成碎末。

❺ 取一个小碗，倒入油醋汁，接着放入黑橄榄，翻拌均匀备用。

❻ 黑魔芋洗净，切成适口的块状备用。

❼ 将黑魔芋块、紫甘蓝丝和柠檬片一起放入沙拉碗中，淋上步骤5中的酱汁。

❽ 最后撒上薄荷叶末，搅拌均匀即可食用。

主料

黑魔芋200克／紫甘蓝100克／柠檬1/2个（约50克）／黑橄榄8个

辅料

油醋汁30毫升／薄荷叶6片

参考热量表

黑魔芋200克	20千卡
紫甘蓝100克	25千卡
柠檬50克	19千卡
油醋汁30毫升	50千卡
合计	114千卡

烹饪秘籍

选用新鲜的薄荷叶，切碎后加入沙拉中，能够提味增鲜，但不宜放太多，以免掩盖了柠檬的清香。

油醋汁   018 页

换个装大不同
紫菜糙米巨蛋沙拉
时间 35分钟　难度 难

特色

方便携带的饭团里，包裹了满满当当的食材，就像一个充满魔力的能量球，满足你对味道和热量的全部需求。

做法

主料

烤海苔2大张（约30克）/糖米饭150克/鸡蛋1个（约50克）/牛油果50克/叶生菜30克/三文鱼50克

辅料

法式芥末沙拉酱30克/盐少许/橄榄油1茶匙

参考热量表

糖米饭150克	208千卡
鸡蛋50克	76千卡
牛油果50克	80千卡
叶生菜30克	5千卡
三文鱼50克	70千卡
烤海苔30克	81千卡
芥末沙拉酱30克	52千卡
合计	572千卡

① 将鸡蛋打散，加入少许盐和2茶匙纯净水，搅拌均匀。

② 炒锅烧热，加入橄榄油，倒入鸡蛋液炒熟。

③ 三文鱼洗净，切成边长1厘米的块备用。

④ 叶生菜洗净，沥干水分，撕成小块备用。

⑤ 牛油果去皮，取肉，切成边长1厘米的块备用。

⑥ 将1张烤海苔平铺在保鲜膜上，中间铺上一半的糖米饭摊成圆形；将生菜叶平铺在上（不要超过糖米饭的范围）。挤上法式芥末沙拉酱，依次将牛油果、三文鱼和鸡蛋叠放在上面。

烹饪秘籍

1. 包好的饭团可以先放入冰箱中冷藏，冷藏2小时后再切开，可以让切面更加完整。
2. 糖米饭也可以换成白米饭。

⑦ 剩余的糖米饭铺在保鲜膜上，整形成略大一些的圆饼，兜住保鲜膜翻过来盖在沙拉上，轻压边缘，注意不要露出沙拉。

⑧ 将烤海苔向上包起，再取另一张烤海苔，边缘沾上纯净水，利用保鲜膜将整个饭团包裹起来，一定要包裹得足够紧实。包好后从中间切开，即可看到漂亮的饭团沙拉切面。

法式芥末沙拉酱   021页

口感丰富趣味足
海苔虾仁玉米沙拉

时间 20分钟　难度 简单

特色

虾仁和玉米，是营养又低热量的食材。二者搭配在一起既解馋又不长肉。海苔的加入更是让味蕾得到了极大的满足。

做法

❶ 将速冻玉米粒冲去浮冰，放入沸水中氽烫1分钟后捞出，沥干水分备用。

❷ 在氽烫玉米的水中加入姜片和料酒，速冻虾仁冲去浮冰，放入水中氽烫至变色捞出，沥干备用。

❸ 胡萝卜去皮，洗净，切成和玉米粒大小相似的丁备用。

❹ 将海苔用剪刀剪成细条状的海苔碎。

❺ 将叶生菜洗净，去掉根部和老叶，撕成适口的小片备用。

❻ 将生菜片均匀平铺入盘中，接着加入处理好的虾仁、玉米粒和胡萝卜丁。

❼ 淋入蛋黄沙拉酱，撒上海苔碎即可。

主料

速冻虾仁100克 / 速冻玉米粒150克 / 海苔10克 / 胡萝卜50克 / 叶生菜50克

辅料

蛋黄沙拉酱30克 / 姜片2片 / 料酒1汤匙

参考热量表

虾仁100克	48千卡
玉米粒150克	145千卡
海苔10克	27千卡
胡萝卜50克	16千卡
叶生菜50克	8千卡
蛋黄沙拉酱30克	52千卡
合计	296千卡

── 烹饪秘籍 ──

这道沙拉中也可以加入黄瓜片或者玉米片来丰富口感。

 蛋黄沙拉酱　　017页

155

米饭别样新吃法

煎米饼西葫芦沙拉

⏱ 时间 35分钟　　🌶 难度 中等

特色

剩余的米饭扔掉浪费，做成蛋炒饭又实在太没新意，不妨试一下这道料理吧，稍微花点心思就能变成特别的米饼。西葫芦富含膳食纤维，常食可以减肥瘦身，米饼中间夹了满满的料，吃起来相当满足。

做法

❶ 将米饭用筷子搅散，不要有结块。

❷ 西葫芦洗净，切去根部，再切成薄片。

❸ 西葫芦片放入煮沸的淡盐水中余烫1分钟后捞出，沥干水分备用。

❹ 将鸡蛋打入米饭中，加少许盐。拌匀。

❺ 不粘平底锅烧热，加入花生油，将米饭用勺子辅助，煎成两个厚约1厘米的圆饼，两面都煎成金黄色。

❻ 苦苣洗净，去除根部和老叶，切成3厘米左右的长段。

❼ 取一块煎好的米饼，平铺上烫好的西葫芦片、瘦肉火腿片和切好的苦苣。

❽ 接着挤上蛋黄沙拉酱，再用另一块米饼覆盖住，撒上少许黑芝麻，即可。

主料

剩米饭150克 / 西葫芦150克 / 瘦肉火腿2片（约45克）/ 鸡蛋1个（约50克）/ 苦苣20克

辅料

花生油10克 / 盐少许 / 蛋黄沙拉酱20克 / 黑芝麻少许

参考热量表

剩米饭150克	174千卡
西葫芦150克	28千卡
瘦肉火腿45克	132千卡
鸡蛋50克	76千卡
苦苣20克	11千卡
花生油10克	89千卡
蛋黄沙拉酱20克	35千卡
合计	545千卡

── 烹饪秘籍 ──

除了瘦肉火腿片，还可以选择培根；沙拉酱也可以根据自己的喜好来选择。

 蛋黄沙拉酱　　　017页

打破常规新口感
小米咖喱沙拉

时间 30分钟　难度 难

158

特色

北非小米虽翻译为小米，但和中国的小米完全不同，它其实是用筋性高的杜兰小麦粉加水搓成的迷你面疙瘩，一般在淘宝网上都能买得到。东南亚风味的咖喱，搭配各类蔬菜和北非小米，吃起来别有一番滋味。

做法

主料

北非小米 100 克 / 新鲜豌豆粒 30 克 / 红甜椒 30 克 / 腰果仁 30 克 / 紫洋葱 30 克 / 小葱 1 根

辅料

咖喱粉 2 茶匙 / 盐少许 / 孜然粉 1/2 茶匙 / 橄榄油 5 滴

参考热量表

北非小米 100 克	321 千卡
豌豆粒 30 克	33 千卡
红甜椒 30 克	8 千卡
腰果仁 30 克	178 千卡
紫洋葱 30 克	12 千卡
合计	552 千卡

❶ 将北非小米洗净沥干，放入一口干燥的锅中。

❷ 在锅中加入咖喱粉、盐、孜然粉和橄榄油，同北非小米一起搅拌均匀。

❸ 烧一壶开水，备用。

❹ 把 180 毫升开水倒入步骤 2 中，用筷子拌匀，盖盖闷 12～17 分钟。当小米变得蓬松、体积增加时，就说明小米熟了。

❺ 闷小米的同时处理其他食材。红甜椒洗净，沥干水分，切成丁备用。

❻ 小葱洗净，去除根部和老叶，切成葱粒；紫洋葱洗净，去除根部和老皮，切成粒状，备用。

❼ 豌豆粒洗净，入沸水中余烫 1 分钟后捞出，沥干，与所有主料混合即可。

烹饪秘籍

北非小米也比较容易成熟，在煮制的时候，一定要把握好水的用量，不要放得过多，否则北非小米吸太多水会变成面坨坨。

159

高端不高冷，营养又美味

鸡蛋红薯藜麦沙拉

🕐 时间 30分钟　　🍳 难度 中等

特色

虽然全素，但是仅藜麦一种食材就可以满足人体的多种营养需求，更别提还搭配上高蛋白、低脂肪的鸡蛋和维生素含量丰富的蔬菜，瞬间就能让身体充满能量！

做法

主料

藜麦 50 克／红薯 100 克／鸡蛋 1 个（约 50 克）／球生菜 50 克／圣女果 30 克／胡萝卜 50 克

辅料

酸奶沙拉酱 30 克／橄榄油少许／盐少许

参考热量表

藜麦 50 克	184 千卡
红薯 100 克	102 千卡
鸡蛋 50 克	76 千卡
球生菜 50 克	8 千卡
圣女果 30 克	7 千卡
胡萝卜 50 克	16 千卡
酸奶沙拉酱 30 克	25 千卡
合计	418 千卡

① 烤箱预热 180℃；红薯洗净，去皮，滚刀切成适口的红薯块。

② 烤盘铺好锡纸，倒入红薯块，放入烤箱中上层烤 20 分钟。

③ 小锅中加入 500 毫升水、几滴橄榄油和少许盐，煮沸；藜麦洗净沥干，放入沸水中，小火煮 15 分钟。

④ 将煮好的藜麦捞出，沥干水分，放入沙拉碗中备用。

烹饪秘籍

煮藜麦时，一定要在水中加入盐和橄榄油，这样煮出来的藜麦口感会更加清爽，味道更佳。

⑤ 胡萝卜洗净、去根，切成薄片后再用蔬菜模具切出花朵形状。

⑥ 球生菜洗净，去掉老叶，沥干水分，撕成适口的小块；圣女果洗净，沥干水分，对半切开。

 酸奶沙拉酱　　　018 页

⑦ 将鸡蛋放入水中煮 8 分钟，关火后捞出，过凉水，剥掉外壳，用餐刀对半切开。

⑧ 将红薯块、胡萝卜片、生菜叶和圣女果块放入装有藜麦的沙拉碗中，拌匀，将鸡蛋放在最上面，淋上酸奶沙拉酱即可。

圣诞气息十足

西蓝花红薯花环沙拉

⏱ 时间　20分钟　　🥄 难度　简单

特色

用西蓝花做成圣诞花环的造型，可爱又有新意，赋予了食材不普通的感觉，能增加食欲。红薯作为主食食用，又增加了饱腹感。

做法

❶ 将西蓝花洗净，掰成适口的小块儿，放入淡盐水中浸泡10分钟。

❷ 将西蓝花放入沸水中余烫1分钟，捞出，沥干水分备用。

❸ 红薯洗净去皮，切成边长2厘米的块状，放入水中煮8分钟后捞出，沥干水分备用。

❹ 将圣女果洗净，对半切开，备用。

❺ 鸡蛋放入水中煮熟，剥掉外壳，切成与红薯块大小相同的块状待用。

❻ 胡萝卜洗净，去皮，用削皮刀削出三条薄片，做成装饰花环的蝴蝶结，中间可用牙签固定，固定处摆盘时用圣女果遮掩一下即可。

❼ 准备一个白色圆形餐盘，首先将西蓝花摆放成花环状，接着将处理好的圣女果、红薯和鸡蛋摆放在西蓝花四周。

❽ 在上面撒入腰果，在花环上方中间位置放上用胡萝卜做的蝴蝶结，均匀淋入油醋汁即可食用。

主料

西蓝花100克／红薯70克／圣女果30克／胡萝卜50克（实用到10克）／鸡蛋2个（约100克）／腰果30克

辅料

油醋汁30毫升／盐少许

参考热量表

西蓝花100克	36千卡
红薯70克	69千卡
圣女果30克	7千卡
胡萝卜10克	3千卡
鸡蛋100克	152千卡
腰果30克	178千卡
合计	445千卡

烹饪秘籍

西蓝花和红薯块不要焯太久，否则软烂不容易做造型。

 油醋汁　　　　018页

缤纷薯片沙拉

⏱ 时间　　　　　　🍳 难度　简单

特色

相比较于超市出售的薯片，这道自制薯片热量更低也更加健康，口感上也并没太大区别，减肥时期就是要开动脑筋，多用健康的食材来代替零食。

做法

主料

红薯150克 / 圣女果80克 / 叶生菜50克 / 鸡蛋2个（约100克）

辅料

蛋黄沙拉酱30克

参考热量表

红薯150克	148千卡
圣女果80克	18千卡
叶生菜50克	8千卡
鸡蛋100克	152千卡
蛋黄沙拉酱30克	52千卡
合计	378千卡

❶ 将烤箱220℃预热；红薯去皮，去掉两头纤维多的部分，洗净，切成2毫米左右厚度的圆形薄片。

❷ 将红薯片放入烤箱中，上下火220℃烤制7分钟。

❸ 圣女果洗净，沥干水分，对半切开备用。

❹ 叶生菜洗净，去掉老叶，沥干水分，撕成适口的小片备用。

❺ 鸡蛋放入水中煮8分钟至熟透，剥壳后用切蛋器切成片备用。

❻ 将红薯片放入沙拉碗中，接着放入圣女果和叶生菜，翻拌均匀。

❼ 将鸡蛋片整齐地摆放在沙拉上，淋上蛋黄沙拉酱即可食用。

烹饪秘籍

1. 红薯片要尽量切薄，这样烤出来会更脆，可以借助削皮器削片。
2. 圣女果和生菜要充分沥干水分，搅拌起来口感才会更好。

 蛋黄沙拉酱　　017 页

香香甜甜，颜值爆表

红薯核桃沙拉球

时间 30分钟 难度 中等

166

特色

到了令人困倦的下午，总要有下午茶相伴，试试这款红薯制作的漂亮沙拉，好吃又简单，还能收获很多人的称赞呢。

做法

主料

红薯150克 / 花生酱50克 / 核桃仁6瓣

辅料

牛奶30毫升 / 酸奶沙拉酱50克 / 薄荷叶几片

参考热量表

红薯150克	148千卡
花生酱50克	297千卡
酸奶沙拉酱50克	42千卡
牛奶30毫升	17千卡
合计	504千卡

❶ 红薯洗净，用餐巾纸包裹一层，并将餐巾纸打湿。

❷ 将包裹好的红薯放入微波炉，高火加热6分钟。

❸ 取出红薯，撕去餐巾纸，并用勺子从中间捣开散热。

❹ 冷却后的红薯撕去外皮，取出红薯肉，加入牛奶，拌匀成可以捏成球不开裂的状态即可。

❺ 取大概25克的红薯泥，在手掌上团成球状，用另外一只掌心压扁，放入1茶匙花生酱。

❻ 将红薯泥像包包子一样捏起，收口，轻轻滚圆。

烹饪秘籍

花生酱也可以用炼乳来代替，可以依据个人口味来选择。

❼ 将红薯花生团放在沙拉盘中，在最上方放上核桃仁。

❽ 将酸奶沙拉酱淋在红薯核桃球上，用薄荷叶点缀，即可食用。

 酸奶沙拉酱　　018页

美丽甜蜜的森林气息

紫薯酸奶泥沙拉

🕐 时间 20分钟　🎨 难度 简单

特色

紫薯和香蕉饱腹又润肠，非常适合减脂期来食用。配上喷香的腰果，这真是一道简单却口感十分丰富的漂亮沙拉，和小姐妹们聚会的时候来一份最适合不过啦。

做法

❶ 洗净紫薯外皮的泥土，用餐巾纸包裹一层，并将餐巾纸打湿。

❷ 将包裹好的紫薯放入微波炉中，高火加热 6 分钟。

❸ 取出紫薯，撕去餐巾纸，放至冷却。

❹ 冷却后的紫薯撕去外皮，用勺子捣碎，放入料理机中。

❺ 将牛奶和酸奶沙拉酱加入料理机中，搅打成泥状。

❻ 将紫薯泥倒入在草帽盘中，有顺序地将葡萄干和腰果平铺在上面。

❼ 香蕉剥皮，切成圆片，铺在紫薯泥上。

❽ 撒入少许椰蓉作为装饰点缀，即可食用。

烹饪秘籍

牛奶的量要掌握好，不可加多，否则搅打出来的紫薯泥过稀，会让铺在上面的水果和果仁下沉，影响成品美观。

 酸奶沙拉酱　　　018 页

造型可爱乐趣多
紫薯船鸡蛋沙拉

时间 20分钟　难度 简单

特色

当紫薯遇上鸡蛋和酸奶沙拉酱，滑腻的口感加上特有的酸甜，使味道变得更加立体，同时造型也十分有趣。赶快做起来，为你的餐桌再添一道色彩吧。

做法

主料

紫薯3个（约180克）/ 鸡蛋2个（约100克）/ 胡萝卜50克

辅料

酸奶沙拉酱30克

参考热量表

紫薯180克	126 千卡
鸡蛋100克	152 千卡
胡萝卜50克	16 千卡
酸奶沙拉酱30克	25 千卡
合计	319 千卡

❶ 将紫薯洗净，去掉两头的蒂，上锅蒸10分钟左右至熟透。

❷ 取出紫薯，对半切开，用勺子轻轻挖出紫薯肉，留1厘米左右厚度的紫薯壳，将挖出的紫薯捣碎成泥。

❸ 胡萝卜洗净、去皮，切成小丁备用。

❹ 将鸡蛋放入水中煮10分钟后捞出，去壳，分离出蛋黄，将蛋黄捣成泥，和紫薯泥混合。

❺ 将剩余的蛋白切成边长0.5厘米的块状，备用。

❻ 将切好的蛋白、胡萝卜丁和紫薯蛋黄泥一起放入沙拉碗中搅拌均匀。

❼ 将混合好的沙拉泥用勺子分别装进紫薯壳中，淋上酸奶沙拉酱即可食用。

烹饪秘籍

选择紫薯时最好选择个头大小均匀一致的，这样才能保证做出来的紫薯船造型更加好看。胡萝卜也可以换成其他水果。

 酸奶沙拉酱　　　018 页

好吃到停不下来
"夺命"土豆沙拉

⏱ 时间 30分钟　🖐 难度 简单

特色

这道沙拉一听名字就知道好吃到不行，爱吃土豆的你怎么能错过呢？土豆富含膳食纤维，饱腹感强，能带走肠道中的部分油脂和垃圾。简单的食材就能征服你的味蕾，赶紧学起来在家人朋友面前露一手吧。

做法

❶ 将土豆去皮，洗净，切成边长2厘米的小块。

❷ 将土豆块放入蒸锅中，隔水蒸10分钟至熟透。

❸ 取出土豆块，放入大碗中，用勺子背将其压成泥备用。

❹ 速冻玉米粒冲去浮冰，新鲜豌豆粒用清水洗净，一起放入沸水中氽烫1分钟后捞出，沥干备用。

❺ 将瘦肉火腿切成和玉米粒大小相似的小丁备用。

❻ 将酸奶沙拉酱倒入土豆泥中，一边搅拌一边加入牛奶。

❼ 接着放入玉米粒、豌豆粒和火腿丁，加盐进行调味，搅拌均匀即可食用。

主料

土豆100克／速冻玉米粒50克／新鲜豌豆粒50克／瘦肉火腿50克

辅料

酸奶沙拉酱30克／纯牛奶30毫升／盐2克

参考热量表

土豆100克	77千卡
速冻玉米粒50克	59千卡
豌豆粒50克	56千卡
瘦肉火腿50克	165千卡
酸奶沙拉酱30克	25千卡
纯牛奶30毫升	17千卡
合计	399千卡

── 烹饪秘籍 ──

牛奶的量可以自己进行掌握，如果土豆泥太干可以酌情多加一些。

🍶 酸奶沙拉酱　　018页

味道独特，口感软糯
蒸山药果酱沙拉

时间 40分钟　难度 简单

特色

蓝莓山药是常见的组合搭配，非常开胃好吃，只需要稍稍改动做法，就能演绎出另外一种不同的风格。

做法

❶ 山药洗净、去皮，上锅蒸 20 分钟。

❷ 将蒸熟的山药取出放入碗中，用勺背将其碾压成泥。

❸ 在山药泥中加入酸奶沙拉酱，接着一边加入牛奶一边进行搅拌。

❹ 将蓝莓果酱淋入牛奶山药泥中。

❺ 最后点缀上蓝莓果实即可食用。

主料

铁棍山药 200 克 / 新鲜蓝莓 100 克 / 牛奶 50 毫升

辅料

蓝莓果酱 50 克 / 酸奶沙拉酱 100 克

参考热量表

铁棍山药 200 克	110 千卡
蓝莓 100 克	55 千卡
牛奶 50 毫升	28 千卡
酸奶沙拉酱 100 克	83 千卡
蓝莓果酱 50 克	105 千卡
合计	381 千卡

烹饪秘籍

铁棍沙拉蒸出来的口感会比较软糯，吸水能力也更强。添加牛奶时要少量多次，一边观察一边添加，不可使山药泥过软。

 酸奶沙拉酱　　　018 页

面条的闪亮变身
凉拌荞麦面沙拉

时间 25分钟　难度 中等

特色

荞麦面含有丰富的蛋白质及膳食纤维，具有良好的预防便秘作用。其做法有很多，可以把它以沙拉的形式来演绎，营养不变，口味却又有了新变化，这大概就是沙拉的魅力。

做法

❶ 锅中加水煮沸，下入荞麦面。

❷ 荞麦面煮熟后捞出，过凉水，沥干水分放入碗中待用。

❸ 牛油果对半切开，去掉果核，挖出果肉切成小块备用。

❹ 圣女果洗净，沥干水分，对半切开备用。

❺ 将牛油果和圣女果一起放入料理机中搅打成泥，随后倒入沙拉碗中。

❻ 将搅打好的果泥倒在荞麦面上。

❼ 淋上油醋汁，继续翻拌均匀，最后撒上花生碎即可食用。

主料

荞麦面 150 克／牛油果 1 个（约 100 克）／圣女果 6 颗（约 105 克）／花生碎 10 克

辅料

油醋汁 30 毫升

参考热量表

荞麦面 150 克	410 千卡
牛油果 100 克	161 千卡
圣女果 105 克	23 千卡
花生碎 10 克	60 千卡
油醋汁 30 毫升	50 千卡
合计	704 千卡

—— 烹饪秘籍 ——

如果在夏天食用，为了追求口感，也可以将煮过的荞麦片放入冰箱冷藏 20 分钟后再拿出来，喜欢吃辣的人可以加入少量小米椒。

 油醋汁　　　018 页

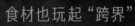

食材也玩起"跨界"

螺旋面土豆沙拉

 时间 30分钟　　难度 简单

特色

意面也能做成沙拉？是的！将意面和土豆结合，既是主食也是一道特色沙拉。快来感受一下沙拉的百变吃法吧。

做法

❶ 在锅中加入适量水，加入橄榄油和盐。

❷ 锅中水煮开后，加入螺旋意面煮熟，捞出，沥干水分备用。

❸ 黄瓜洗净，切成厚度 2 毫米左右的圆片备用。

❹ 将洋葱洗净，切成小丁备用。

❺ 土豆去皮，洗净，切成块。

❻ 将土豆块放入蒸锅中蒸熟，拿出用勺背碾压成泥备用。

❼ 将以上处理好的全部食材放入沙拉碗中，加入蛋黄沙拉酱和白醋，搅拌均匀，撒入黑胡椒碎即可食用。

主料

螺旋意面 150 克 / 土豆 100 克 / 洋葱 50 克 / 黄瓜 100 克

辅料

蛋黄沙拉酱 30 克 / 黑胡椒碎 1/2 茶匙 / 橄榄油 1/2 茶匙 / 白醋 1 茶匙 / 盐少许

参考热量表

螺旋意面 150 克	505 千卡
土豆 100 克	77 千卡
洋葱 50 克	20 千卡
黄瓜 100 克	16 千卡
蛋黄沙拉酱 30 克	52 千卡
合计	670 千卡

— 烹饪秘籍 —

煮好的意面中间不能有硬心，可以在煮制过程中随时捞出一根来尝尝。

 蛋黄沙拉酱　　017 页

吐司的闪电变身
黄金吐司鸡蛋沙拉

时间 25分钟　难度 简单

特色

当喷香的吐司遇上蛋白质满满的鸡蛋，再点缀以洋葱、胡萝卜和紫甘蓝，营养均衡且极具饱腹感的沙拉就诞生了。

做法

❶ 烤箱 180℃预热 5 分钟；将黄油微波热化，抹在吐司上，入烤箱上层 180℃烤 5 分钟关火，用余温闷烤。

❷ 鸡蛋放入水中煮 8 分钟，捞出后用凉水冲洗，让其降温。

❸ 冷却后的鸡蛋去壳，切成小丁。

❹ 洋葱洗净、去皮，切成碎粒，加少许盐拌匀备用。

❺ 紫甘蓝洗净，沥干水分，切成细丝；胡萝卜去皮，洗净，刮成细丝。

❻ 将紫甘蓝丝、胡萝卜丝和洋葱粒一起加入沙拉碗中，倒入蛋黄沙拉酱拌匀。

❼ 将黄油吐司取出，将沙拉置于整片吐司上，再放入鸡蛋丁即可。

主料

吐司 2 片（约 120 克）/ 鸡蛋 2 个（约 100 克）/ 洋葱 1/2 个（约 45 克）/ 胡萝卜 50 克 / 紫甘蓝 50 克

辅料

蛋黄沙拉酱 30 克 / 盐少许 / 黄油 10 克

参考热量表

吐司 120 克	278 千卡
鸡蛋 100 克	152 千卡
洋葱 45 克	18 千卡
胡萝卜 50 克	16 千卡
紫甘蓝 50 克	12 千卡
蛋黄沙拉酱 30 克	52 千卡
黄油 10 克	89 千卡
合计	617 千卡

烹饪秘籍

新鲜鸡蛋剥壳会更加容易，判断鸡蛋是否新鲜，只需将鸡蛋放入凉水中，能沉底的就是新鲜的鸡蛋。

 蛋黄沙拉酱　　017 页

沙拉吃出蛋糕感
白豆草莓沙拉

时间 1晚＋70分钟　难度 简单

特色

白芸豆绵密甜香，有奶油的口感，而且健康低脂，再配上五颜六色的水果，有这样一份沙拉，谁还需要奶油蛋糕？

做法

❶ 白芸豆用清水冲洗干净，然后再用清水浸泡过夜。

❷ 锅中加入5倍于豆子体积的清水，放入白芸豆，大火煮沸后转小火煮1小时，直至豆子全部软烂。

❸ 将煮好的白芸豆捞出，沥干水分，放入沙拉碗中。

❹ 将甜橙去皮，切成适口的小块。

❺ 猕猴桃去皮，切成约0.2厘米的薄片。

❻ 草莓洗净去蒂，纵向剖开，再对切成两半。

❼ 将甜橙和草莓放入沙拉盘中，摆上猕猴桃片，淋上酸奶沙拉酱，最后撒入腰果仁即可。

 酸奶沙拉酱　　　　018 页

主料

白芸豆 50 克 / 甜橙 100 克 / 草莓 100 克 / 猕猴桃 100 克 / 腰果仁 30 克

辅料

酸奶沙拉酱 40 克

参考热量表

白芸豆 50 克	152 千卡
甜橙 100 克	47 千卡
草莓 100 克	32 千卡
猕猴桃 100 克	62 千卡
腰果仁 30 克	178 千卡
酸奶沙拉酱 40 克	33 千卡
合计	504 千卡

烹饪秘籍

1. 白芸豆煮一次非常耗时，可一次多煮一些，分装在保鲜袋中置于冰箱冷冻室中保存。再次使用只需提前拿出来解冻即可。

2. 处理甜橙时可以先将其切成六瓣，这样会更加容易去皮。

沙沙红豆塔沙拉

特色

据说橙色是最能激发人食欲的色彩。富含膳食纤维的红薯和香甜可口的芒果结合起来就是一幅美丽的画作，搭配口感细腻绵软、瘦身功效又强大的红豆和酸奶沙拉酱，这一份就能满足你对美味的全部需求。

做法

主料

红薯 100 克／红豆 80 克／芒果 1/2 个（约 150 克）／核桃仁 50 克

辅料

酸奶沙拉酱 30 克

参考热量表

红薯 100 克	99 千卡
红豆 80 克	259 千卡
芒果 150 克	52 千卡
核桃仁 50 克	305 千卡
酸奶沙拉酱 30 克	25 千卡
合计	740 千卡

❶ 将红豆清洗干净；高压锅中加入 2 倍于豆子体积的清水，将红豆煮 25 分钟。

❷ 煮豆子的同时来处理红薯，将红薯去皮，切成小块；放入蒸锅中大火蒸 15 分钟。

❸ 将蒸好的红薯拿出先放入碗中备用。

❹ 芒果去皮，再切成适口的块状，备用。

❺ 将煮好的红豆捞出，放入干燥的沙拉碗中。

❻ 接着放入蒸熟的红薯块，借助勺子背将红豆和红薯碾成泥。

❼ 将红豆红薯泥倒入盘中堆成宝塔的造型，最后在塔身四周点缀核桃仁，淋上酸奶沙拉酱，即可食用。

烹饪秘籍

煮红豆的水不能加多，这样煮出来的红豆太稀，做沙拉造型时会不美观。

🥣 酸奶沙拉酱　　018 页

沙拉创意新吃法
红豆山药少女系沙拉

⏱ 时间 40分钟　✋ 难度 中等

特色

山药中的黏蛋白能够预防心血管系统的脂肪沉积，预防动脉硬化。红豆和山药的搭配并不稀奇，但经过一番巧妙的装扮，点缀以薄荷叶，立刻就是不同寻常的森系画风。

做法

❶ 山药洗净去皮，上锅蒸20分钟。

❷ 将蒸熟的山药放入盆中，用压泥器将其碾压成山药泥。

❸ 在山药泥中加入牛奶，用刮刀搅拌均匀，直至牛奶全被吸收。

❹ 准备好模具，放在沙拉平盘中，用茶匙先填入一勺牛奶山药泥，压实，表面抹平。

❺ 在牛奶山药泥造型上抹上红豆泥。

❻ 再覆盖上一层做好的牛奶山药泥。

❼ 接着淋上酸奶沙拉酱和草莓果酱，点缀薄荷叶即可食用。

主料

铁棍山药200克 / 牛奶50毫升 / 红豆泥50克

辅料

草莓果酱30克 / 酸奶沙拉酱30克 / 新鲜薄荷叶几片

参考热量表

铁棍山药200克	114千卡
牛奶50毫升	28千卡
红豆泥50克	115千卡
草莓果酱30克	30千卡
酸奶沙拉酱30克	25千卡
合计	312千卡

烹饪秘籍

红豆泥在超市的烘焙柜台处都有出售，或者提前将红豆浸泡一夜再煮烂，自己炒制红豆泥也是可以的。

 酸奶沙拉酱　018 页

鸡肉鹰嘴豆沙拉

时间 1晚 + 30分钟　难度 中等

特色

鹰嘴豆蕴含了极为丰富的营养，配上喷香的鸡胸肉和水灵灵的小萝卜，再点缀具有特殊香气的苦苣，就是一份超级解馋又养眼的沙拉。

做法

❶ 鹰嘴豆用清水冲洗干净，然后用清水浸泡过夜。

❷ 将鸡胸肉洗净，放入碗中，加入料酒、生抽、橄榄油，腌制15分钟。

❸ 锅中加入清水，清水的体积是鹰嘴豆的3倍，放入鹰嘴豆，大火煮沸后转小火煮10分钟。

❹ 将煮好的鹰嘴豆捞出，沥干水分，放入沙拉碗中。

❺ 煮豆子的时间可以用来煎鸡胸肉。平底锅烧热，放入鸡胸肉，用小火煎至两面金黄，完全熟透，稍微晾凉备用。

❻ 苦苣洗净，去除老叶和根部，切成3厘米左右长的小段。

❼ 樱桃萝卜洗净，沥干水分，去掉萝卜缨，将萝卜切成0.1厘米非常薄的圆形小片。

❽ 将煎好的鸡胸肉切成1厘米左右厚的薄片，和樱桃萝卜、苦苣一起放入沙拉碗中，淋上油醋汁即可食用。

主料

鹰嘴豆50克 / 樱桃萝卜100克 / 苦苣100克 / 鸡胸肉100克

辅料

油醋汁40毫升 / 料酒2茶匙 / 生抽2茶匙 / 橄榄油1茶匙

参考热量表

鹰嘴豆50克	158千卡
樱桃萝卜100克	21千卡
苦苣100克	56千卡
鸡胸肉100克	113千卡
油醋汁40毫升	67千卡
合计	415千卡

— 烹饪秘籍 —

樱桃萝卜一定要切得足够薄，具有透明感，才会更容易入味。

 油醋汁 018页

萨巴厨房®

系列图书

吃出健康系列

图书在版编目（CIP）数据

萨巴厨房. 轻食沙拉，纤体瘦身 / 萨巴蒂娜主编 .
— 北京：中国轻工业出版社，2019.9
ISBN 978-7-5184-2327-9

Ⅰ . ①萨… Ⅱ . ①萨… Ⅲ . ①沙拉 – 菜谱 Ⅳ .
① TS972.12 ② TS972.118

中国版本图书馆 CIP 数据核字（2018）第 282185 号

责任编辑：高惠京　　责任终审：劳国强　　整体设计：锋尚设计
策划编辑：龙志丹　　责任校对：李　靖　　责任监印：张京华

出版发行：中国轻工业出版社（北京东长安街6号，邮编：100740）
印　　刷：北京博海升彩色印刷有限公司
经　　销：各地新华书店
版　　次：2019年9月第1版第2次印刷
开　　本：720×1000　1/16　印张：12
字　　数：200千字
书　　号：ISBN　978-7-5184-2327-9　定价：49.80元
邮购电话：010-65241695
发行电话：010-85119835　传真：85113293
网　　址：http://www.chlip.com.cn
Email：club@chlip.com.cn
如发现图书残缺请与我社邮购联系调换
190962S1C102ZBW